SQL ポケットガイド
第4版

Alice Zhao 著

原 隆文 訳

JN062101

O'REILLY®
オライリー・ジャパン

FOURTH EDITION

SQL Pocket Guide

Alice Zhao

Beijing · Boston · Farnham · Sebastopol · Tokyo

まえがき

なぜ SQL か？

『SQL Pocket Guide』の旧版が出版されてから、データの世界に大きな変化がありました。データの生成量と収集量は爆発的に増え、膨大なデータに対処するために多くのツールと雇用が生み出されました。しかし、このような変化を経ても、SQL はデータの世界で不可欠なパーツであり続けています。

筆者は、過去 15 年間にわたってエンジニア、コンサルタント、アナリスト、データサイエンティストとして働き、どの仕事でも SQL を利用してきました。たとえ、主な責務が別のツールやスキルに重点を置いたものだとしても、企業でデータにアクセスするためには、SQL を理解している必要がありました。

もしプログラミング言語の助演男優賞があったとしたら、SQL がそれを受賞していたでしょう。

最近では新しいテクノロジーがいろいろと登場していますが、データを扱うこととなると、依然として真っ先に SQL が頭に浮かびます。Amazon Redshift や Google BigQuery のようなクラウドベースのストレージソリューションでは、データを取り出すために SQL クエリーを書く必要があります。Hadoop や Spark などの分散データ処理フレームワークには、Hive SQL や Spark SQL といったツールがあり、それらはデータを分析するための、SQL に似たインタフェースを提供します。

SQL は 50 年近くにわたって使われており、近いうちになくなるようなことはありません。今日でも広く使われている最も古いプログラミング言語の 1 つであり、その優れた最新版を読者と共有できることに、とてもワクワクしています。

本書の目的

SQL の書籍はすでに数多く存在しており、初心者にコーディング方法を教えるものから、データベース管理者に詳細な技術仕様を提供するものまで多岐にわたります。本書は、SQL のすべての概念を詳細に解説することを目的としたものではなく、次のような場合のための簡潔なリファレンスとなることを目的としています。

- SQL の構文を忘れてしまい、すぐに調べる必要がある場合
- 新しい仕事で、これまでとは違うデータベースツールに遭遇し、その微妙な違いを知りたい場合
- しばらくの間、別のコーディング言語に取り組んでいて、SQL について簡単に復習したい場合

読者の仕事において SQL が大きな役割を果たしているのであれば、本書は最適なポケットガイドとなるでしょう。

第 4 版での変更点

Jonathan Gennick 氏による『SQL Pocket Guide』の第 3 版（原書）は 2010 年に出版され、好評を博しました。第 4 版では、次に示す変更を加えました。

- Microsoft SQL Server、MySQL、Oracle Database、PostgreSQL に関する構文を最新のものに更新しました。シェアが低下している IBM の Db2 の代わりに、SQLite を追加しました。
- 第 3 版はアルファベット順で整理されていました。第 4 版では、同じような概念同士をまとめるように整理し直しました。ただし、巻末には索引があり、アルファベット順で調べることができます。
- 仕事で SQL を利用するデータアナリストやデータサイエンティストが増えているため、すばやく復習するための SQL 速修講座だけでなく、（人気のあるオープンソースプログラミング言語である）Python や R での SQL の利用方法を解説するセクションを追加しました。

よくある（**SQL**の）質問

　本書の最後の章「10章　こんなときは...」には、SQLの初心者やしばらくSQLを使っていなかったユーザーから寄せられる、よくある質問が収められています。

　読者が探している概念やキーワードが正確に思い出せない場合は、まずこれを読むとよいでしょう。たとえば、次のような質問が収められています。

- 重複する値を含んでいる行を探すには、どうすればよいか？
- 別の列の最大値を持つ行を選択するには、どうすればよいか？
- 複数のフィールドから1つのフィールドにテキストを連結するには、どうすればよいか？

本書の構成

本書は、次の3つのパートに分かれています。

基本的な概念

- 「1章　SQL速修講座」から「3章　SQL言語」では、SQLコードを書くための基本的なキーワード、概念、ツールを説明します。
- 「4章　クエリーの基礎」では、SQLクエリーのそれぞれの句について詳しく解説します。

データベースオブジェクト、データ型、関数

- 「5章　作成、更新、削除」では、データベース内でオブジェクトを作成および変更するための一般的な方法を説明します。
- 「6章　データ型」では、SQLで使われる一般的なデータ型を説明します。
- 「7章　演算子と関数」では、SQLで使われる一般的な演算子と関数を説明します。

高度な概念

- 「8 章　高度なクエリーの概念」と「9 章　複数のテーブルおよびクエリーの操作」では、結合、CASE 文、ウィンドウ関数など、高度なクエリーの概念について説明します。
- 「10 章　こんなときは...」では、頻繁に検索される SQL の質問に対する解決策を説明します。

表記上のルール

本書では、次に示す表記上のルールに従います。

太字（**Bold**）

新しい用語、強調やキーワードフレーズを表します。

等幅（`Constant Width`）

プログラムのコード、コマンド、配列、要素、文、オプション、スイッチ、変数、属性、キー、関数、型、クラス、名前空間、メソッド、モジュール、プロパティ、パラメーター、値、オブジェクト、イベント、イベントハンドラ、XML タグ、HTML タグ、マクロ、ファイルの内容、コマンドからの出力を表します。その断片（変数、関数、キーワードなど）を本文中から参照する場合にも使われます。

等幅太字（`Constant Width Bold`）

ユーザーが入力するコマンドやテキストを表します。コードを強調する場合にも使われます。

等幅イタリック（`Constant Width Italic`）

ユーザーの環境などに応じて置き換えなければならない文字列を表します。

ヒントや示唆を表します。

興味深い事柄に関する補足を表します。

 ライブラリーのバグやしばしば発生する問題などのような、注意あるいは警告を表します。

 監訳者および翻訳者による補足説明を表します。

サンプルコードの使用について

技術的な質問は bookquestions@oreilly.com まで（英語で）ご連絡ください。

本書の目的は、読者の仕事を助けることです。一般に、本書に掲載しているコードは読者のプログラムやドキュメントに使用して構いません。コードの大部分を転載する場合を除き、我々に許可を求める必要はありません。たとえば、本書のコードの一部を使用するプログラムを作成するために、許可を求める必要はありません。なお、オライリー・ジャパンから出版されている書籍のサンプルコードを CD-ROM として販売したり配布したりする場合には、そのための許可が必要です。本書や本書のサンプルコードを引用して質問などに答える場合、許可を求める必要はありません。ただし、本書のサンプルコードのかなりの部分を製品マニュアルに転載するような場合には、そのための許可が必要です。

出典を明記する必要はありませんが、そうしていただければ感謝します。Alice Zhao 著『SQL ポケットガイド 第 4 版』（オライリー・ジャパン発行）のように、タイトル、著者、出版社、ISBN などを記載してください。

サンプルコードの使用について、公正な使用の範囲を超えると思われる場合、または上記で許可している範囲を超えると感じる場合は、permissions@oreilly.com まで（英語で）ご連絡ください。

意見と質問

本書（日本語翻訳版）の内容については、最大限の努力をもって検証、確認してい

ますが、誤りや不正確な点、誤解や混乱を招くような表現、単純な誤植などに気がつかれることもあるかもしれません。そうした場合、今後の版で改善できるようお知らせいただければ幸いです。将来の改訂に関する提案なども歓迎いたします。連絡先は次のとおりです。

株式会社オライリー・ジャパン
電子メール　japan@oreilly.co.jp

本書の Web ページには次のアドレスでアクセスできます。

https://www.oreilly.co.jp/books/9784814400805
https://www.oreilly.com/library/view/sql-pocket-guide/9781492090397/
（英語）
https://github.com/oreilly-japan/sql-pocket-guide-4e-ja（日本語版のサポートサイト。SQL 文のスニペットやサンプルテーブル、正誤表など）

オライリーに関するそのほかの情報については、次のオライリーの Web サイトを参照してください。

https://www.oreilly.co.jp/
https://www.oreilly.com/（英語）

オライリー学習プラットフォーム

オライリーはフォーチュン 100 のうち 60 社以上から信頼されています。オライリー学習プラットフォームには、6 万冊以上の書籍と 3 万時間以上の動画が用意されています。さらに、業界エキスパートによるライブイベント、インタラクティブなシナリオとサンドボックスを使った実践的な学習、公式認定試験対策資料など、多様なコンテンツを提供しています。

https://www.oreilly.co.jp/online-learning/

また以下のページでは、オライリー学習プラットフォームに関するよくある質問とその回答を紹介しています。

https://www.oreilly.co.jp/online-learning/learning-platform-faq.html

謝辞

本書をゼロから作り上げ、最初の 3 つの版を執筆してくれた Jonathan Gennick 氏と、出版を継続するために筆者を信頼してくれた Andy Kwan 氏に感謝します。

編集者である Amelia Blevins、Jeff Bleiel、Caitlin Ghegan の各氏と技術校閲者である Alicia Nevels、Joan Wang、Scott Haines、Thomas Nield の各氏の助けがなければ、本書を完成させることは不可能でした。多くの時間を費やして本書の各ページを読んでくれたことに心から感謝します。あなたたちのフィードバックは、計り知れないほど貴重でした。

両親へ――学問と創作を愛する心を育んでくれてありがとう。愛する子である Henry と Lily へ――この本に対するあなたたちのワクワク感は、私の心を和ませてくれました。最後に、夫である Ali へ――この本についての意見、励まし、そして私の一番のファンでいてくれたことに感謝します。

目 次

コラム目次

表目次

1章
SQL速修講座

　この短い章では、必要な情報がすばやく得られるように、SQL の基本的な用語と概念について説明します。

1.1　データベースとは何か？

　まず基礎から始めましょう。**データベース**（database）とは、整理された方法でデータを保管するための場所です。データを整理する方法は数多くあり、結果として、選択すべきデータベースの種類も数多くあります。データベースは、**SQL** と **NoSQL** という 2 つのカテゴリーに分類されます。

1.1.1　SQL

　SQL とは、「Structured Query Language」（構造化照会言語）[†1]の略です。たとえば、すべての友人の誕生日を記憶しているアプリがあると仮定しましょう。SQL は、そのアプリと対話するために使用する最も一般的な言語と言えるでしょう。

英語："Hey app. When is my husband's birthday?"
　　　（ヘイ、アプリ。夫の誕生日はいつ？）
SQL：`SELECT * FROM birthdays WHERE person = 'husband';`

　SQL データベースは**リレーション**（relation）で構成されるため、**リレーショナルデータベース**（relational database）とも呼ばれます。リレーションは、より一般的

---

†1　訳注：「構造化問合せ言語」や「構造化クエリー言語」などと訳されることもあります。

には**テーブル**（table）と呼ばれます[†2]。データベースは、互いに関係し合う多くの
テーブルで構成されます。**図1-1** は、SQL データベースにおけるリレーションのイ
メージを示しています。

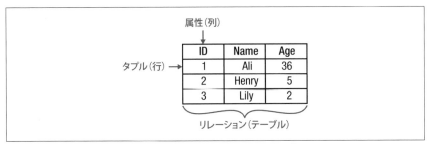

図1-1 SQL データベースでのリレーション（テーブルとも呼ばれる）

　SQL データベースについて覚えておいてほしいのは、事前に定義された**スキーマ**
（schema）が必要だということです。スキーマは、データベース内のデータを整理
（構造化）する方法と考えることができます。たとえば、あるテーブルを作成したい
としましょう。そのテーブルにデータを読み込む前に、まずテーブルの構造を決めな
ければなりません。テーブルの中にどのような列が含まれるか、それぞれの列は数値
を保持するか文字列値を保持するか、といった事柄を決めておく必要があります。
　しかし、そのように構造化された方法でデータを整理できない場合もあります。
データのフィールドが変化する場合や、大量のデータをより効率的に保管およびアク
セスする方法が必要な場合などです。そのためには NoSQL を使います。

1.1.2 NoSQL

　NoSQL は、「not only SQL」を意味します。NoSQL については本書では詳しく
説明しませんが、これを紹介しておきたかったのは、2010 年代以降にこの用語が広
く使われるようになり、テーブル以外にもデータを保管する方法があることを理解し
ておくことが重要だからです。
　NoSQL データベースは、**非リレーショナルデータベース**（non-relational
database）とも呼ばれ、その形もサイズもさまざまです。主な特徴は、動的スキーマ

---

†2　訳注：リレーションは「関係」、リレーショナルデータベースは「関係データベース」、テーブルは「表」と、
　　それぞれ訳される場合もあります。

を備えており（つまり、スキーマを事前に決めておく必要がなく）、水平スケーリングが可能である（つまり、データが複数のマシンにまたがって存在できる）ことです。

　最も人気のある NoSQL データベースは **MongoDB** であり、これは具体的に言うとドキュメントデータベースです。**図1-2** は、MongoDB でデータがどのように保管されるかについてのイメージを示しています。もはやデータは、構造化されたテーブルの中にはなく、（列に相当する）フィールドの数は、（行に相当する）ドキュメントによって異なります。

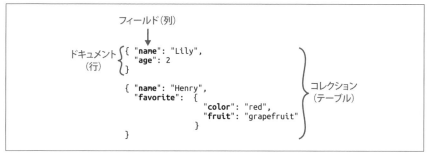

図1-2　NoSQL データベースである MongoDB におけるコレクション（テーブルに相当）

　とは言え、本書は SQL データベースに焦点を合わせています。NoSQL を導入していたとしても、依然として多くの企業は、自社データの大部分をリレーショナルデータベース内のテーブルに保管しています。

1.1.3　データベース管理システム（DBMS）

　これまでに「PostgreSQL」や「SQLite」のような言葉を目にして、それらが SQL とどのように違うのか疑問に思ったことがあるかもしれません。それらは**データベース管理システム**（DBMS：Database Management System）の 2 つの具体的な種類であり、データベース管理システムとはデータベースを扱うために使われるソフトウェアのことです。データベースを扱う作業には、データを取り込んで整理する方法を決めることや、ユーザーや他のプログラムがデータにアクセスする方法を管理することなどが含まれます。

　リレーショナルデータベース管理システム（RDBMS：Relational Database Management System）は、特にリレーショナルデータベース、すなわちテーブルで構成されるデータベースを扱うためのソフトウェアです。

　それぞれの RDBMS は、異なる SQL の実装を備えています。つまり、ソフトウェアによって SQL の構文が少しずつ異なります。たとえば、主要な 5 種類の RDBMS で 10 行のデータを出力する方法は、次のようになります。

MySQL、PostgreSQL、SQLite
```
SELECT * FROM birthdays LIMIT 10;
```

Microsoft SQL Server
```
SELECT TOP 10 * FROM birthdays;
```

Oracle Database
```
SELECT * FROM birthdays WHERE ROWNUM <= 10;
```

SQL 構文を Google で検索する

　SQL の構文をオンラインで検索する場合は、使用している RDBMS の名前を検索に含めるようにしてください。筆者が初めて SQL を学んだときには、インターネットからコピーアンドペーストしたコードがなぜ動作しないのかまったくわかりませんでしたが、これが理由だったのです！

次のようにしてください
　　検索：「create table datetime "postgresql"」
　　　→ 結果：timestamp
　　検索：「create table datetime "microsoft sql server"」
　　　→ 結果：datetime

次のようにしないでください
　　検索：「create table datetime」
　　　→ 結果：どの RDBMS 用の構文かわからない

　本書では、SQL の基礎に加えて、人気のある 5 種類のデータベース管理システム（Microsoft SQL Server、MySQL、Oracle Database、PostgreSQL、SQLite）の微妙な違いについて解説します。

これらの中には、プロプラエタリなソフトウェア（企業が所有しており、利用するのに費用がかかるソフトウェア）もありますし、誰でも無料で利用できるオープンソースソフトウェアもあります。**表1-1**は、それぞれのRDBMSの違いを示しています。

表1-1 RDBMSの比較表

RDBMS	所有者	特徴
Microsoft SQL Server	Microsoft	• 人気のあるプロプラエタリRDBMS • Microsoft Azure や .NET フレームワークなど、他の Microsoft 製品と一緒によく使われる • Windows プラットフォームで一般的 • 「MSSQL」や「SQL Server」とも呼ばれる
MySQL	オープンソース	• 人気のあるオープンソースRDBMS • HTML/CSS/JavaScript といった Web 開発言語と一緒によく使われる • Oracle 社によって買収されたが、依然としてオープンソース
Oracle Database	Oracle	• 人気のあるプロプラエタリRDBMS • 多くの機能、ツール、サポートが利用可能であり、大企業でよく使われる • 単に「Oracle」とも呼ばれる
PostgreSQL	オープンソース	• 急速に人気が拡大している • Docker や Kubernetes などのオープンソーステクノロジーと一緒によく使われる • 効率がよく、大規模なデータセットに適している
SQLite	オープンソース	• 世界で最も使われているデータベースエンジン • iOS や Android プラットフォームで一般的 • 軽量であり、小規模なデータベースに適している

本書では次のように表記します。
- Microsoft SQL Server は、「SQL Server」と表記します。
- Oracle Database は、「Oracle」と表記します。

それぞれのRDBMSのインストール方法とコード例については、「2.1 RDBMSソフトウェア」を参照してください。

1.2 SQLクエリーとは何か？

SQLの世界でよく使われる頭字語が**CRUD**です。これは、Create（作成）、Read

（読み取り）、Update（更新）、Delete（削除）を表します。これらは、データベース
内で実行できる4つの主要な操作です。

1.2.1 SQL文

データベースに対して**読み取りアクセス権**と**書き込みアクセス権**を持っているユー
ザーは、4つの操作をすべて実行できます。つまり、テーブルの作成や削除、テーブ
ル内のデータの更新、テーブルからのデータの読み取りなどを行うことができます。
言い換えれば、すべての権限を持っています。

彼らは **SQL文**（SQL statement）を書きます。これは、CRUD 操作のいずれかを
実行するために記述される一般的な SQL コードです。このようなユーザーは、多く
の場合、**データベース管理者**（DBA：Database Administrator）や**データベースエ
ンジニア**といった肩書きを持っています。

1.2.2 SQL クエリー

データベースに対して**読み取りアクセス権**だけを持っているユーザーは、読み取り
操作を行うことができます。つまり、テーブル内のデータを参照できます。

彼らは **SQL クエリー**（SQL query）[3]を書きます。これは、より具体的な種類の
SQL文です。クエリーは、データを検索して表示する、すなわちデータを「読み取
る」ために使われます。この行為は、「テーブルを照会する」または「テーブルに問
い合わせる」などと表現されることもあります。これらのユーザーは、多くの場合、
データアナリストや**データサイエンティスト**といった肩書きを持っています。

次の2つのセクションは、SQL クエリーを書くためのクイックスタートガイドで
す。SQL クエリーは、読者が目にする最も一般的な種類の SQL コードです。テーブ
ルの作成と更新についての詳細は、「5章　作成、更新、削除」で解説します。

1.2.3 SELECT文

最も基本的な SQL クエリーは、次のようなものです。これは、どの SQL ソフト
ウェアでも動作します。

---

[3]　訳注：「SQL 問合せ」や「SQL 照会」などと訳されることもあります。

```
SELECT * FROM my_table;
```

この文は、my_table というテーブルに含まれているすべてのデータ——すべての
列とすべての行——を表示するように指示しています。

SQL では大文字と小文字は区別されませんが（SELECT と select は同じです）、
大文字で書かれている単語とそうでない単語があることに気がつくでしょう。

● クエリー内の大文字の単語は**キーワード**と呼ばれ、データに対して何らかの操
　作を行うために SQL で予約されている単語であることを意味します。
● その他のすべての単語は小文字です。これには、テーブル名、列名などが含ま
　れます。

この大文字と小文字の書式は強制的なものではありませんが、読みやすさのために
は、よい習慣です。

先ほどのクエリーに戻りましょう。

```
SELECT * FROM my_table;
```

すべてのデータを返す代わりに、次のようにしたいと仮定します。

● データをフィルタリングする（選別する）
● データをソートする（並べ替える）

そこで SELECT 文を変更し、さらにいくつかの**句**（clause）[4]を含めるようにする
と、次のような文ができます。

```
SELECT *
FROM my_table
WHERE column1 > 100
ORDER BY column2;
```

これらのすべての句については「4章　クエリーの基礎」で詳しく解説しますが、
覚えておいてほしいのは、これらの句は常に同じ順序で記述しなければならないとい
うことです。

---

[4]　訳注：「節」と訳されることもあります。

この順序を覚えておいてください

すべての SQL クエリーには、これらの句の何らかの組み合わせが含まれます。
覚えるものがほかになければ、この順序を覚えておいてください！

```
SELECT      -- 表示する列
FROM        -- データを取り出すテーブル（1つまたは複数）
WHERE       -- 行をフィルタリングする
GROUP BY    -- 行をグループに分割する
HAVING      -- グループ化した行をフィルタリングする
ORDER BY    -- ソートする列
```

「--」は、SQL でのコメントの開始を表します。つまり、それより後のテキストは単にドキュメンテーション（文書化）のためであり、そのコードは実行されません。
ほとんどの場合、SELECT 句と FROM 句は必須であり、その他の句はオプション（省略可能）です。例外は、特定のデータベース関数を使用する場合であり、その場合は SELECT 句だけが必須です。

句の順序を覚えるための古くからある記憶法は、次のとおりです（それぞれの単語の頭文字を見てください）。

Sweaty **f**eet **w**ill **g**ive **h**orrible **o**dors.
（汗ばんだ足は悪臭を放つ）

クエリーを書くたびに汗ばんだ足について考えたくない人のために、筆者が作った記憶法を紹介します。

Start **F**ridays **w**ith **g**randma's **h**omemade **o**atmeal.
（おばあちゃんの手作りのオートミールで金曜日を始めよう）

1.2.4　実行の順序

SQL コードが実行される順序については、通常は SQL の初心者コースでは教えませんが、Python のコーディング経験のある学生に教えていたときによく聞かれたの

で、ここで説明しておきます。

　ユーザーが句を記述する順序とコンピューターが句を実行する順序は、同じではありません。クエリーを実行すると、コンピューターは次の順序でデータを処理します。

1. FROM
2. WHERE
3. GROUP BY
4. HAVING
5. SELECT
6. ORDER BY

　ユーザーが記述する順序と比べると、SELECT が 5 番目に移動していることがわかります。大まかに言って、SQL は次の順序で動作します。

1. FROM によって、すべてのデータを収集する
2. WHERE によって、データの行をフィルタリングする
3. GROUP BY によって、行をグループ化する
4. HAVING によって、グループ化した行をフィルタリングする
5. SELECT によって、表示する列を指定する
6. ORDER BY によって、結果を並べ替える

1.3　データモデル

　この速修講座の最後のセクションでは、簡単な**データモデル**（data model）を取り上げ、オフィスでの楽しい SQL の会話で耳にするであろう、いくつかの用語を紹介します。

　データモデルとは、データベース内の各テーブルの詳細に加えて、すべてのテーブルが互いにどのように関連しているかを要約して視覚化したものです。**図1-3** は、学生成績データベースの簡単なデータモデルです。

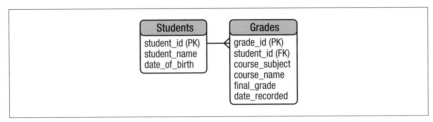

図1-3　学生の成績のデータモデル

表1-2 は、データモデルの中に何が含まれているかを説明する専門用語をまとめたものです。

表1-2　データモデルに含まれているものを説明するために使われる用語

用語	定義	例
データベース	データベースとは、整理された方法でデータを保管するための場所である。	このデータモデルは、学生成績データベースに含まれるすべてのデータを示している。
テーブル	テーブルは、行と列で構成される。データモデルでは長方形で表現される。	学生成績データベースには Students（学生）と Grades（成績）の2つのテーブルがある。
列[†5]	テーブルは複数の**列**（column）で構成される。列は、**属性**（attribute）または**フィールド**（field）とも呼ばれる。それぞれの列は、特定の型のデータを保持する。データモデルでは、テーブルを表すそれぞれの長方形の内部に、テーブル内のすべての列が示される。	Students テーブルでは、student_id、student_name、date_of_birth の3つが列である。
主キー	**主キー**（primary key）は、テーブル内のデータの各行を一意に識別する。主キーは、テーブル内の1つまたは複数の列で構成される。データモデルでは **PK** として示されるか、または鍵のアイコンを使って示される。	Students テーブルでは student_id 列が主キーであり、データの各行で student_id の値が異なっていることを意味する。
外部キー	テーブル内の**外部キー**（foreign key）は、別のテーブルの主キーを参照する。この共通の列によって、2つのテーブルが結びつけられる。1つのテーブルは複数の外部キーを持つことができる。データモデルでは **FK** として示される。	Grades テーブルでは student_id 列が外部キーであり、その列の値が、対応する Students テーブル内の主キーの列の値と一致していることを意味する。

---

†5　訳注：「カラム」と訳されることもあります。

表1-2　データモデルに含まれているものを説明するために使われる用語（続き）

用語	定義	例
リレーションシップ[6]	**リレーションシップ**（relationship）は、あるテーブル内の行が別のテーブル内の行にどのように対応づけられるかを表す。データモデルでは、終点に記号が付いた線として示される。「1 対 1」や「1 対多」のリレーションシップがよく使われる。	このデータモデルでは、2 つのテーブルの間に、フォークで示される「1 対多」のリレーションシップがある。1 人の学生は複数の成績を持つことができる。つまり、Students テーブル内の 1 つの行は、Grades テーブル内の複数の行に対応づけられる。

　これらの用語の詳細は、「5.2　テーブルの作成」で解説します。

　SQL コードを書く代わりにデータモデルを読むことに、なぜこれほど多くの時間を費やしているのかと疑問に感じているかもしれません！ その理由は、複数のテーブルを結びつけるクエリーを書くことが多くなるので、それらが互いにどのように関連するかを知るために、まずデータモデルに慣れておいたほうがよいからです。

　データモデルは、一般に企業のドキュメントリポジトリで見ることができます。参照のしやすさとデスクの簡単な装飾のために、頻繁に作業するデータモデルをプリントアウトしておくとよいでしょう。

　もう 1 つの方法として、RDBMS 内でクエリーを記述し、データモデルに含まれる情報（データベース内のテーブル名、テーブルの列名、テーブルの制約など）を調べることもできます。

これで速修講座は終わりです！

　本書の残りの部分は、リファレンスとして読まれることを目的としており、必ずしも順を追って読む必要はありません。SQL の概念、キーワード、標準規格を調べるために活用してください。

---

[6]　訳注：「関係」と訳されることもあります。

2章
SQLコードは
どこに記述できるか？

この章では、SQL コードを書くことができる 3 つの場所について説明します。

RDBMS ソフトウェア

SQL コードを書くためには、まず RDBMS ソフトウェア（MySQL、Oracle、PostgreSQL、SQL Server、SQLite など）をダウンロードする必要があります。それぞれの違いについては、「2.1　RDBMS ソフトウェア」を参照してください。

データベースツール

RDBMS の準備ができたら、SQL コードを書くための最も基本的な方法は、**ターミナルウィンドウ**（terminal window）を使うことです。ターミナルウィンドウは、テキストのみの白黒の画面です。

多くのユーザーは、**データベースツール**（database tool）を使うことを好みます。これは、舞台裏で RDBMS に接続する、よりユーザーフレンドリーなアプリケーションです。データベースツールは**グラフィカルユーザーインタフェース**（GUI）を備えており、ユーザーは視覚的にテーブルを調べたり、より簡単に SQL コードを編集したりできます。「2.2　データベースツール」では、データベースツールを RDBMS に接続する方法を説明します。

他のプログラミング言語

SQL は、他の多くのプログラミング言語の中に書くこともできます。この章では、特に Python と R の 2 つを取り上げます。これらは、人気のあるオープンソースプログラミング言語であり、データサイエンティストやデータアナリストがよく利用しています。彼らは、SQL コードも書かなければならない

場合がよくあります。

Python や R と RDBMS を行ったり来たりする代わりに、Python や R を RDBMS に直接接続し、Python や R の中で SQL コードを書くことができます。「2.3 他のプログラミング言語」では、その方法を段階的に説明します。

2.1 RDBMS ソフトウェア

この章では、本書で扱う 5 種類の RDBMS について、インストール方法と短いコード例を紹介します。

2.1.1 どの RDBMS を選ぶべきか？

勤務先ですでに RDBMS を利用している人であれば、それと同じものを使うのがよいでしょう。

個人的なプロジェクトに取り組む場合は、使用する RDBMS を決める必要があります。**表1-1** を参照して、よく使われている RDBMS の詳細を復習してください。

SQLite を用いたクイックスタート

すぐにでも SQL コードを書いてみたいですか？ SQLite は、一番手っ取り早くセットアップできる RDBMS です。

本書で扱う他の RDBMS と比べると、安全性は高くなく、複数のユーザーを扱うこともできませんが、基本的な SQL の機能をコンパクトなパッケージで提供してくれます。

そのため、この章の各セクションは SQLite から始めるようにしています。SQLite のセットアップは、概して他の RDBMS より簡単で明快です。

2.1.2 ターミナルウィンドウとは何か？

この章では、ターミナルウィンドウについて何度も言及します。なぜなら、いったん RDBMS をダウンロードしたら、それと対話するための最も基本的な方法がターミナルウィンドウだからです。

ターミナルウィンドウは、読者のコンピューターにも入っているアプリケーションです。通常は黒の背景を持ち、テキスト入力だけを受け付けます。アプリケーション

の名前は、OS（オペレーティングシステム）によって異なります。

- Windows では、コマンドプロンプトアプリケーションを使います。
- macOS や Linux では、ターミナルアプリケーションを使います。

ターミナルウィンドウを開いたら、コマンドプロンプトが目に入るでしょう。これは「>」や「$」のような外観であり、点滅するカーソルやボックスがその後に続きます。これは、ユーザーからテキストコマンドを受け取る準備ができていることを意味します。

次のいくつかのセクションには、Windows、macOS、Linux 用の RDBMS インストーラーをダウンロードするためのリンクが含まれています。
macOS と Linux では、インストーラーをダウンロードする代わりに、Homebrew（https://brew.sh）パッケージマネージャーを利用できます。Homebrew をインストールしたら、ターミナルから単に brew install というコマンドを実行して、RDBMS のすべてのインストールを行うことができます。

2.1.3 SQLite

SQLite は無料であり、最も軽量なインストールです。つまり、コンピューター上で大きなスペースを必要とせず、あっという間にセットアップが終わります。Windows と Linux では、SQLite Download Page（https://oreil.ly/gNagl）から SQLite Tools をダウンロードできます。macOS には、初めから SQLite がインストールされています。

SQLite を使うための最も簡単な方法は、ターミナルウィンドウを開いて、**sqlite3** と入力することです。ただし、この方法では、すべてがメモリ上で行われます。つまり、SQLite を終了したら、変更は保存されません。

```
$ sqlite3
```

変更を保存したい場合は、次の構文を使って、起動時にデータベースに接続する必要があります。

```
$ sqlite3 my_new_db.db
```

SQLite のコマンドプロンプトは、次のようなものです。

```
sqlite>
```

簡単なコードを書いて、いろいろと試してみましょう。

```
sqlite> CREATE TABLE test (id int, num int);
sqlite> INSERT INTO test VALUES (1, 100), (2, 200);
sqlite> SELECT * FROM test LIMIT 1;

1|100
```

データベース名を表示し、テーブル名を表示し、終了するには、次のようにします。

```
sqlite> .databases
sqlite> .tables
sqlite> .quit
```

出力結果の中に列名を表示したい場合は、次のように入力します。

```
sqlite> .headers on
```

列名を表示しないように戻すには、次のように入力します。

```
sqlite> .headers off
```

2.1.4　MySQL

MySQL は、現在では Oracle 社によって所有されていますが、無料で利用できます。MySQL Community Server は、MySQL Community Downloads ページ（https://oreil.ly/Bkv0m）からダウンロードできます。macOS と Linux では、もう 1 つの方法として、ターミナルで **brew install mysql** と入力することで、Homebrew を使ってインストールできます。

MySQL のコマンドプロンプトは、次のようなものです。

```
mysql>
```

簡単なコードを書いて、いろいろと試してみましょう。

```
mysql> CREATE TABLE test (id int, num int);
mysql> INSERT INTO test VALUES (1, 100), (2, 200);
mysql> SELECT * FROM test LIMIT 1;
```

```
+------+------+
| id   | num  |
+------+------+
|    1 |  100 |
+------+------+
1 row in set (0.00 sec)
```

データベース名を表示し、別のデータベース（another_db）に切り替え、テーブル名を表示し、終了するには、次のようにします。

```
mysql> show databases;
mysql> connect another_db;
mysql> show tables;
mysql> quit
```

2.1.5 Oracle

Oracle はプロプラエタリなソフトウェアであり、Windows マシンと Linux マシンで動作します。無料版である Oracle Database Express Edition は、Oracle Database XE Downloads ページ（https://oreil.ly/FGoXw）からダウンロードできます[1]。

Oracle のコマンドプロンプトは、次のようなものです（sqlplus を実行した場合）。

```
SQL>
```

簡単なコードを書いて、いろいろと試してみましょう。

```
SQL> CREATE TABLE test (id int, num int);
SQL> INSERT INTO test VALUES (1, 100);
SQL> INSERT INTO test VALUES (2, 200);
SQL> SELECT * FROM test WHERE ROWNUM <=1;

        ID        NUM
---------- ----------
         1        100
```

データベース名を表示し、（システムテーブルを含めて）すべてのテーブル名を表示し、ユーザーが作成したテーブル名を表示し、終了するには、次のようにします。

---

[1]　訳注：日本語ページには、次の URL でアクセスできます。
https://www.oracle.com/jp/database/technologies/appdev/xe.html

```
SQL> SELECT * FROM global_name;
SQL> SELECT table_name FROM all_tables;
SQL> SELECT table_name FROM user_tables;
SQL> quit
```

2.1.6　PostgreSQL

　PostgreSQL は無料であり、他のオープンソーステクノロジーと一緒によく使われます。PostgreSQL は、PostgreSQL Downloads ページ（https://oreil.ly/8MyzC）からダウンロードできます。macOS と Linux では、もう 1 つの方法として、ターミナルで **brew install postgresql** と入力することで、Homebrew を使ってインストールできます。

　PostgreSQL のコマンドプロンプトは、次のようなものです。

```
postgres=#
```

簡単なコードを書いて、いろいろと試してみましょう。

```
postgres=# CREATE TABLE test (id int, num int);
postgres=# INSERT INTO test VALUES (1, 100), (2, 200);
postgres=# SELECT * FROM test LIMIT 1;

 id | num
----+-----
  1 | 100
(1 row)
```

　データベース名を表示し、別のデータベース（another_db）に切り替え、テーブル名を表示し、終了するには、次のようにします。

```
postgres=# \l
postgres=# \c another_db
postgres=# \d
postgres=# \q
```

postgres-#が表示される場合は、SQL 文の終わりにセミコロン（;）を書き忘れていることを意味します。「;」を入力すると、postgres=#が再び表示されます。

「:」が表示される場合は、テキストエディター vi に自動的に切り替わっていることを意味します。「q」を入力すると終了できます。

2.1.7 SQL Server

SQL Server は（Microsoft 社が所有する）プロプラエタリなソフトウェアであり、Windows マシンと Linux マシンで動作します。Docker を通じてもインストールできます。無料版である SQL Server Express は、Microsoft SQL Server Downloads ページ（https://oreil.ly/zAxh9）からダウンロードできます[†2]。

SQL Server のコマンドプロンプトは、次のようなものです（sqlcmd ユーティリティを実行した場合）。

```
1>
```

簡単なコードを書いて、いろいろと試してみましょう。

```
1> CREATE TABLE test (id int, num int);
2> INSERT INTO test VALUES (1, 100), (2, 200);
3> go
1> SELECT TOP 1 * FROM test;
2> go

id          num
----------- -----------
          1         100

(1 row affected)
```

データベース名を表示し、別のデータベース（another_db）に切り替え、テーブル名を表示し、終了するには、次のようにします。

```
1> SELECT name FROM master.sys.databases;
2> go
1> USE another_db;
2> go
1> SELECT * FROM information_schema.tables;
2> go
1> quit
```

---

†2　訳注：日本語ページには、次の URL でアクセスできます。
https://www.microsoft.com/ja-jp/sql-server/sql-server-downloads

SQL Server では、新しい行に go コマンドを入力するまで、SQL コードは実行されません。

2.2　データベースツール

　RDBMS を直接操作する代わりに、多くのユーザーは、データベースツールを使ってデータベースと対話します。データベースツールは使いやすい GUI を備えており、ユーザーフレンドリーな環境でポイント＆クリックしたり、SQL コードを記述したりできます。

　データベースツールは、舞台裏で**データベースドライバー**（database driver）を使用しています。これは、データベースツールがデータベースと対話できるようにするためのソフトウェアです。**図2-1** は、ターミナルウィンドウを使ってデータベースに直接アクセスする場合と、データベースツールを使って間接的にアクセスする場合の違いを視覚的に示したものです。

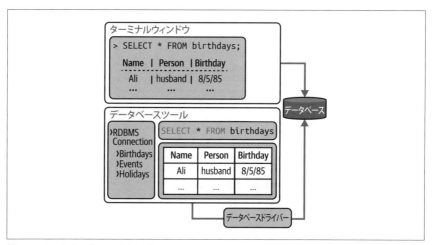

図2-1　ターミナルウィンドウとデータベースツールによる RDBMS へのアクセス

　利用可能なデータベースツールは数多くありますが、その中には、特定の RDBMS に対応しているものもありますし、複数の RDBMS に対応しているものもあります。**表2-1** は、それぞれの RDBMS でよく使われるデータベースツールを示しています。

この表のすべてのデータベースツールは無料でダウンロードおよび使用することができ、これ以外にもプロプラエタリなデータベースツールが数多くあります。

表2-1　データベースツールの比較表

RDBMS	データベースツール	詳細
SQLite	DB Browser for SQLite	●SQLite と異なる開発者によって開発 ●SQLite 用の数多くのツールの 1 つ
MySQL	MySQL Workbench	●MySQL と同じ開発者によって開発
Oracle	Oracle SQL Developer	●Oracle 社が開発
PostgreSQL	pgAdmin	●PostgreSQL と異なるコントリビューターによって開発 ●PostgreSQL のインストールに含まれる
SQL Server	SQL Server Management Studio	●Microsoft 社が開発
複数	DBeaver	●さまざまな RDBMS（前に挙げた 5 種類を含む）に接続するための数多くのツールの 1 つ

2.2.1　データベースツールをデータベースに接続する

データベースツールを起動したときに最初に行うべきステップは、データベースに接続することです。これは、いくつかの方法で行うことができます。

選択肢 1：新しいデータベースを作成する

CREATE 文を書くことで、新規のデータベースを作成できます。

```
CREATE DATABASE my_new_db;
```

その後で、テーブルを作成してデータベースに追加することができます。詳細は、「5.2　テーブルの作成」で解説します。

選択肢 2：データベースファイルを開く

SQLite の場合、.db という拡張子の付いたファイルをダウンロード済みであるか、または初めから手元にある場合があるでしょう。

```
my_new_db.db
```

このようなデータベースファイルには、すでにいくつかのテーブルが含まれています。このファイルをデータベースツール内で開くだけで、データベースと対話を始め

ることができます。

選択肢 3：既存のデータベースに接続する

　自分のコンピューター上やリモートサーバー上にあるデータベースを扱いたい場合もあるでしょう。後者は、どこかほかの場所にあるコンピューター上にデータが存在していることを意味します。これは、**クラウドコンピューティング**（cloud computing）として、今日ではきわめて普通のことです。クラウドコンピューティングでは、Amazon、Google、Microsoft などの企業が所有するサーバーを利用します。

データベース接続フィールド

　既存のデータベースに接続するには、データベースツール内で、次に示すフィールドに入力する必要があります。これらの情報は、データベースの管理者やクラウドコンピューティングの管理画面などから提供されます。

ホスト（Host）
データベースが存在している場所。
- データベースが自分のコンピューター上にある場合は、localhost または 127.0.0.1 を入力します。
- データベースがリモートサーバー上にある場合は、そのコンピューターの IP アドレスを入力します。例：123.45.678.90

ポート（Port）
RDBMS とどのように接続するか。
このフィールドには、すでにデフォルトのポート番号が入力されているはずであり、変更すべきではありません。これは RDBMS によって異なります。
- MySQL―― 3306
- Oracle―― 1521
- PostgreSQL―― 5432
- SQL Server―― 1433

データベース（Database）

接続したいデータベースの名前。

ユーザー名（Username）

データベースに接続するためのユーザー名。

このフィールドには、すでにデフォルトのユーザー名が入力されている場合があります。自分でユーザー名を設定した覚えがなければ、デフォルト値のままにしておいてください。

パスワード（Password）

ユーザー名に関連づけられたパスワード。

ユーザー名に対してパスワードを設定した覚えがなければ、このフィールドは空白のままにして試してみてください。

 SQLite では、この 5 つのデータベース接続フィールドに入力する代わりに、接続したい.db データベースファイルのファイルパスを入力します。

データベース接続フィールドに正しく入力できたら、データベースにアクセスできるはずです。これで、データベースツールを使って、興味のあるテーブルやフィールドを探し、SQL コードを書き始めることができます。

2.3　他のプログラミング言語

SQL は、他の多くのプログラミング言語の中に書くこともできます。この章では、人気のあるオープンソース言語である Python と R に焦点を合わせます。

データサイエンティストやデータアナリストは、Python や R を使って分析を行うことが多いでしょうし、データベースからデータを取り出すために SQL クエリーを書く必要もあるでしょう。

データ分析の基本的なワークフロー

1. データベースツールの中で SQL クエリーを記述する
2. その結果を .csv ファイルとしてエクスポートする
3. .csv ファイルを Python や R にインポートする
4. Python や R を使って分析を続行する

この方法は、一度限りのエクスポートをすばやく行うためには適しています。しかし、SQL クエリーを継続的に編集しなければならない場合や、複数のクエリーを扱っている場合には、すぐに面倒くさくなってしまいます。

データ分析のよりよいワークフロー

1. Python や R をデータベースに接続する
2. Python や R の中で SQL クエリーを記述する
3. Python や R を使って分析を続行する

この方法では、1 つのツール内でクエリーと分析をすべて行うことができます。これは、分析をしながらクエリーを微調整したい場合にとても便利です。この章の残りの部分では、この 2 番目のワークフローの各ステップに関するコードを示します。

2.3.1　Python をデータベースに接続する

Python をデータベースに接続するには、次の 3 つのステップが必要です。

1. Python 用のデータベースドライバーをインストールする
2. Python 内でデータベース接続を設定する
3. Python 内で SQL コードを記述する

ステップ 1：Python 用のデータベースドライバーをインストールする

データベースドライバーは、Python がデータベースと対話できるようにするためのソフトウェアであり、多くの選択肢があります。**表2-2** は、各 RDBMS 用の一般的なドライバーをインストールするためのコードをまとめたものです。

これらのインストールは、**pip install** または **conda install** を使って、一度だけ行う必要があります。これらのコードは、ターミナルウィンドウ内で実行します。

表2-2　pip または conda を使って、Python 用のドライバーをインストールする

RDBMS	選択肢	コード
SQLite	なし	インストールは不要（Python 3 には sqlite3 が付属）
MySQL	pip	pip install mysql-connector-python
	conda	conda install -c conda-forge mysql-connector-python
Oracle	pip	pip install cx_Oracle
	conda	conda install -c conda-forge cx_oracle
PostgreSQL	pip	pip install psycopg2
	conda	conda install -c conda-forge psycopg2
SQL Server	pip	pip install pyodbc
	conda	conda install -c conda-forge pyodbc

ステップ 2：Python 内でデータベース接続を設定する

データベース接続を設定するためには、ユーザー名とパスワードのほかに、接続しようとしているデータベースの場所と名前を把握していなければなりません。詳しくは、「2.2.1　データベースツールをデータベースに接続する」のコラム「データベース接続フィールド」を参照してください。

表2-3 は、Python の中で SQL コードを書くたびに実行する必要のある Python コードを示したものです。これらは、Python スクリプトの先頭に含めることができます。

表2-3　データベース接続を設定するための Python コード

RDBMS	コード
SQLite	import sqlite3 conn = sqlite3.connect('my_new_db.db')
MySQL	import mysql.connector conn = mysql.connector.connect(　　　　　host='localhost', 　　　　　database='my_new_db', 　　　　　user='alice', 　　　　　password='password')

表2-3　データベース接続を設定するための Python コード（続き）

RDBMS	コード

Oracle	```# Oracle Express Edition への接続
	import cx_Oracle
	conn = cx_Oracle.connect(dsn='localhost/XE',
	                         user='alice',
	                         password='password')```

PostgreSQL	```import psycopg2
	conn = psycopg2.connect(host='localhost',
	                        database='my_new_db',
	                        user='alice',
	                        password='password')```

SQL Server	```# SQL Server Express への接続
	import pyodbc
	conn = pyodbc.connect(driver='{SQL Server}',
	                      host='localhost\SQLEXPRESS',
	                      database='my_new_db',
	                      user='alice',
	                      password='password')```

これらの引数がすべて必須というわけではありません。引数を省略すると、デフォルト値が使われます。たとえば、ホストのデフォルト値は localhost であり、これは自分のコンピューターを意味します。ユーザー名とパスワードを設定していない場合は、それらの引数を省略できます。

Python でパスワードを安全に保管する

　前のコードは、データベース接続を試すためには問題ありませんが、実際には、パスワードをスクリプト内に保存して誰でも見られるようにするべきではありません。

　それを回避するには、次のようにいくつかの方法があります。

- SSH キーを生成する
- 環境変数を設定する
- 構成ファイルを作成する

　ただし、これらの選択肢はすべて、コンピューターやファイルフォーマットの

追加の知識を必要とします。

推奨する方法：独立した Python ファイルを作成する

　筆者の考えでは、最も簡単な方法は、独立した Python ファイルにユーザー名とパスワードを保存し、そのファイルをデータベース接続スクリプトの中で呼び出すことです。これは、前に挙げた他の選択肢に比べて安全性は高くありませんが、一番手っ取り早い方法です。

　この方法を利用するには、まず、次のコードを含む db_config.py ファイルを作成します。

```
usr = "alice"
pwd = "password"
```

　データベース接続を設定するときに、この db_config.py ファイルをインポートします。次の例では、**表2-3** の Oracle コードを変更し、ユーザー名とパスワードをハードコーディングする代わりに、db_config.py の値を使用しています（変更部分を網掛けで示してあります）。

```
import cx_Oracle
import db_config

conn = cx_Oracle.connect(dsn='localhost/XE',
        user=db_config.usr,
        password=db_config.pwd)
```

ステップ3：Python 内で SQL コードを記述する

　データベース接続が確立できたら、いよいよ Python コード内で SQL クエリーを書くことができます。

　データベース接続をテストする簡単なクエリーを書いてみましょう。

```
cursor = conn.cursor()
cursor.execute('SELECT * FROM test;')
result = cursor.fetchall()
print(result)

[(1, 100),
 (2, 200)]
```

cx_Oracle を使用する場合は、エラーを避けるために、すべてのクエリーの終わりのセミコロン（;）を取り除きます。

クエリーの結果を、pandas データフレームとして保存します。

```python
# pandasがインストール済みでなければなりません
import pandas as pd

df = pd.read_sql('''SELECT * FROM test;''', conn)
print(df)
print(type(df))


   id  num
0   1  100
1   2  200
<class 'pandas.core.frame.DataFrame'>
```

データベースを使い終わったら、接続を閉じます。

```python
cursor.close()
conn.close()
```

データベース接続を閉じることは、リソースを節約するためによい習慣です。

Python 愛好者のための SQLAlchemy

Python でデータベースに接続するためによく使われるもう 1 つの方法は、SQLAlchemy パッケージを使うことです。これは**オブジェクトリレーショナルマッパー**（ORM：Object Relational Mapper）であり、データベースのデータを Python オブジェクトに変換して、SQL 構文を使う代わりに Python だけでコーディングできるようにするものです。

たとえば、データベース内のすべてのテーブル名を表示したいと仮定しましょう（次のコードは PostgreSQL に固有のものですが、SQLAlchemy はどの RDBMS でも動作します）。

SQLAlchemy を使用しない場合

```
pd.read_sql("""SELECT tablename
               FROM pg_catalog.pg_tables
               WHERE schemaname='public'""", conn)
```

SQLAlchemy を使用する場合

```
conn.table_names()
```

　SQLAlchemy を使うと、conn オブジェクトに table_names() という Python メソッドが用意されているので、SQL 構文よりも簡単に覚えられます。ただし、SQLAlchemy によって Python コードは簡潔になりますが、パフォーマンスは低下します。なぜなら、データを Python オブジェクトに変換するために余分な時間がかかるからです。

Python で SQLAlchemy を使用するには

1. あらかじめ（psycopg2 のような）データベースドライバーがインストール済みでなければなりません。
2. ターミナルウィンドウで、**pip install sqlalchemy** または **conda install -c conda-forge sqlalchemy** を実行し、SQLAlchemy をインストールします。
3. Python で次のコードを実行し、SQLAlchemy の接続を設定します（次のコードは PostgreSQL に固有のものです）。SQLAlchemy のドキュメント（https://oreil.ly/QadLc）には、その他の RDBMS やドライバーのためのコードも示されています。

```
from sqlalchemy import create_engine
conn = create_engine('postgresql+psycopg2://
        alice:password@localhost:5432/my_new_db')
```

2.3.2　R をデータベースに接続する

　R をデータベースに接続するには、次の 3 つのステップが必要です。

1. R 用のデータベースドライバーをインストールする
2. R 内でデータベース接続を設定する

3. R 内で SQL コードを記述する

ステップ1：R用のデータベースドライバーをインストールする

　データベースドライバーは、R がデータベースと対話できるようにするためのソフトウェアであり、多くの選択肢があります。**表2-4** は、各 RDBMS 用の一般的なドライバーをインストールするためのコードをまとめたものです。

　これらのインストールは、一度だけ行う必要があります。これらのコードは、R の中で実行します。

表2-4　R用のドライバーをインストールする

RDBMS	コード
SQLite	`install.packages("RSQLite")`
MySQL	`install.packages("RMySQL")`

Oracle	ROracle パッケージは、Oracle ROracle Downloads ページ（https://oreil.ly/Hgp6p）からダウンロード可能[†3]
	`setwd("ROracle をダウンロードしたフォルダー")`
	`# .zip ファイルの名前は、最新バージョンに合わせて要変更`
	`install.packages("ROracle_1.3-2.zip", repos=NULL)`

PostgreSQL	`install.packages("RPostgres")`
SQL Server	Windows には、**odbc**（Open Database Connectivity）パッケージがあらかじめインストールされている。macOS と Linux では、Microsoft ODBC ページ（https://oreil.ly/xrSP6）からダウンロード可能[†4] `install.packages("odbc")`

ステップ2：R内でデータベース接続を設定する

　データベース接続を設定するためには、ユーザー名とパスワードのほかに、接続しようとしているデータベースの場所と名前を把握していなければなりません。詳しくは、「2.2.1　データベースツールをデータベースに接続する」のコラム「データベース接続フィールド」を参照してください。

　表2-5 は、R の中で SQL コードを書くたびに実行する必要のある R コードを示し

[†3]　訳注：日本語ページには、次の URL でアクセスできます。
　　　https://www.oracle.com/jp/database/technologies/appdev/roracle.html
[†4]　訳注：日本語ページには、次の URL でアクセスできます。
　　　https://learn.microsoft.com/ja-jp/sql/connect/odbc/download-odbc-driver-for-sql-server

たものです。これらは、R スクリプトの先頭に含めることができます。

表2-5 データベース接続を設定するための R コード

RDBMS	コード

SQLite	```library(DBI)```
	```con <- dbConnect(RSQLite::SQLite(),```
	``` "my_new_db.db")```

MySQL	```library(RMySQL)```
	```con <- dbConnect(RMySQL::MySQL(),```
	``` host="localhost",```
	``` dbname="my_new_db",```
	``` user="alice",```
	``` password="password")```

Oracle	```library(ROracle)```
	```drv <- dbDriver("Oracle")```
	```con <- dbConnect(drv, "alice", "password",```
	``` dbname="my_new_db")```

PostgreSQL	```library(RPostgres)```
	```con <- dbConnect(RPostgres::Postgres(),```
	``` host="localhost",```
	``` dbname="my_new_db",```
	``` user="alice",```
	``` password="password")```

SQL Server	```library(DBI)```
	```con <- DBI::dbConnect(odbc::odbc(),```
	``` Driver="SQL Server",```
	``` Server="localhost\\SQLEXPRESS",```
	``` Database="my_new_db",```
	``` User="alice",```
	``` Password="password",```
	``` Trusted_Connection="True")```

これらの引数がすべて必須というわけではありません。引数を省略すると、デフォルト値が使われます。

- たとえば、ホストのデフォルト値は localhost であり、これは自分のコンピューターを意味します。
- ユーザー名とパスワードを設定していない場合は、それらの引数を省略できます。

R でパスワードを安全に保管する

前のコードは、データベース接続を試すためには問題ありませんが、実際には、パスワードをスクリプト内に保存して誰でも見られるようにするべきではありません。

それを回避するには、次のようにいくつかの方法があります。

- keyring パッケージを使って、認証情報を暗号化する
- config パッケージを使って、構成ファイルを作成する
- .Renviron ファイルを使って、環境変数を設定する
- options コマンドを使って、ユーザー名とパスワードを R のグローバルオプションとして設定する

推奨する方法：ユーザーにパスワードの入力を求める

筆者の考えでは、最も簡単な方法は、これらの代わりに RStudio を使って、パスワードを入力するようにユーザーに求めることです。

つまり、次のようにする代わりに、

```
con <- dbConnect(...,
    password="password",
    ...)
```

次のようにします。

```
install.packages("rstudioapi")
con <- dbConnect(...,
    password=rstudioapi::askForPassword("Password?"),
    ...)
```

ステップ 3：R 内で SQL コードを記述する

データベース接続が確立できたら、いよいよ R コード内で SQL クエリーを書くことができます。

データベース内のすべてのテーブルを表示するには、次のようにします。

```
dbListTables(con)
```

```
[1] "test"
```

 SQL Server では、表示されるテーブルの数を制限するために、スキーマ名を含めるようにします――`dbListTables(con, schema="dbo")`。`dbo` はデータベース所有者（database owner）を表し、SQL Server でのデフォルトのスキーマです。

データベース内の test テーブルを見てみましょう。

```
dbReadTable(con, "test")
```

```
  id num
1  1 100
2  2 200
```

 Oracle では、テーブル名の大文字と小文字が区別されます。Oracle はテーブル名を自動的に大文字に変換するので、前のコードの代わりに次のコードを実行する必要があります。
```
dbReadTable(con, "TEST")
```

簡単なクエリーを書いて、データフレームを出力してみましょう。

```
df <- dbGetQuery(con, "SELECT * FROM test
                       WHERE id = 2")
print(df); class(df)
```

```
  id num
1  2 200
[1] "data.frame"
```

データベースを使い終わったら、接続を閉じます。

```
dbDisconnect(con)
```

データベース接続を閉じることは、リソースを節約するためによい習慣です。

3章
SQL 言語

この章では、SQL の標準規格、主要な用語、サブ言語など、SQL の基礎について
解説し、次のような疑問に答えます。

- ANSI SQL とは何か？ SQL と何が違うのか？
- キーワードや句とは何か？
- 大文字・小文字の区別や空白文字は重要か？
- SELECT 文のほかには何があるのか？

3.1　他の言語との比較

テクノロジーの世界にいる人の中には、SQL を真のプログラミング言語とは見な
さない人もいます。

SQL は「Structured Query Language」(構造化照会言語) の略ですが、Python、
Java、C++ などの他の一般的なプログラミング言語と同じように使うことはできま
せん。それらの言語では、コードを記述することで、タスクを完了するためにコン
ピューターが取るべきステップを正確に指定することができます。これは**命令型プロ
グラミング**（imperative programming）と呼ばれます。

たとえば Python では、値のリストの合計を求めたければ、それを「どのように」
行いたいかをコンピューターに正確に伝えることができます。次のサンプルコード
は、リストの中を項目ごとに巡回し、それぞれの値をその時点までの合計に加え、最
後に合計を出力します。

```
calories = [90, 240, 165]
total = 0
for c in calories:
    total += c
print(total)
```

　このように、何かを「どのように」行いたいかをコンピューターに正確に伝える代わりに、SQL では「何を」行いたいか——この例では合計を計算する——を単に記述します。SQL は舞台裏で、そのコードを最適に実行する方法を考え出します。これは**宣言型プログラミング**（declarative programming）と呼ばれます。

```
SELECT SUM(calories)
FROM workouts;
```

　ここで覚えておいてほしいのは、SQL は、Python、Java、C++ のような**汎用プログラミング言語**ではないということです。それらの言語は、さまざまなアプリケーションを作成するために利用できます。それに対して SQL は、**専用プログラミング言語**であり、特にリレーショナルデータベース内のデータを管理するために作られています。

SQL の拡張機能

　SQL は根本的に宣言型言語ですが、それ以上のことを行えるようにするために、次のような拡張機能が用意されています。

- Oracle では、PL/SQL（Procedural Language SQL）
- SQL Server では、T-SQL（Transact SQL）

　これらの拡張機能を使うと、SQL コードをプロシージャや関数としてまとめるなど、さまざまなことが可能になります。これらは ANSI 規格には準拠していませんが、SQL をさらにパワフルなものにしてくれます。

3.2　ANSI 規格

　米国国家規格協会（ANSI：American National Standards Institute）は、飲料

水からナットやボルトに至るまで、あらゆるものに関する標準規格を文書化している団体です。

　SQL は 1986 年に ANSI 規格になりました。1989 年には、データベース言語とは何が行えるべきか、またそれがどのように行われるべきかに関する、きわめて詳細な仕様書（確か数百ページあったはずです）が公開されました。この規格は数年ごとに更新されているので、ANSI-89 や ANSI-92 といった言葉を耳にすることがあるかもしれません。これらは、それぞれ 1989 年と 1992 年に追加された、異なる SQL 規格のセットです。最新の規格は ANSI SQL2016 です。

SQL と ANSI SQL と MySQL と...

　SQL は、構造化照会言語（structured query language）を表す一般的な言い方です。

　ANSI SQL は、ANSI 規格に従う SQL コードを指し、どの RDBMS ソフトウェアでも動作します。

　MySQL は、数多い RDBMS の選択肢の 1 つです。MySQL の中では、ANSI コードも MySQL 固有のコードも書くことができます。

　その他の RDBMS の選択肢としては、Oracle、PostgreSQL、SQL Server、SQLite などがあります。

　標準規格が存在すると言っても、すべての RDBMS が同じなわけではありません。ANSI 規格に完全に準拠することを目指している RDBMS もありますが、それらは部分的に準拠しているだけです。それぞれのベンダーは、結局、どの規格を実装すべきか、また自身のソフトウェア内だけで動作するどのような追加機能を開発すべきかを選択することになるのです。

読者も規格に従うべきか？

　読者が書く基本的な SQL コードのほとんどは、ANSI 規格に準拠しています。もし、シンプルだが見慣れないキーワードを使って何か複雑なことをしているコードを見かけたら、それは規格を外れている可能性が高いと言えます。

　Oracle や SQL Server など、1 つの RDBMS の中だけで作業をしているので

あれば、ANSI 規格に従わずに、その RDBMS のすべての機能を活用しても、まったく問題ありません。

しかし、ある RDBMS で動作しているコードを別の RDBMS でも使おうとすると、問題が生じます。ANSI に準拠していないコードは、新しい RDBMS では動作しない可能性が高いので、書き直す必要があるでしょう。

たとえば、Oracle で動作する次のようなクエリーがあるとしましょう。これは ANSI 規格を満たしていません。DECODE 関数が使えるのは Oracle の中だけであり、その他のソフトウェアでは使えないからです。もしこのクエリーを SQL Server にコピーしたら、動作しないでしょう。

```
-- Oracle固有のコード
SELECT item, DECODE (flag, 0, 'No', 1, 'Yes')
             AS Yes_or_No
FROM items;
```

次のクエリーは、ロジックは同じですが、代わりに ANSI 規格の CASE 文を使っています。そのため、Oracle でも、SQL Server でも、その他のソフトウェアでも動作します。

```
-- どのRDBMSでも動作するコード
SELECT item, CASE WHEN flag = 0 THEN 'No'
             ELSE 'Yes' END AS Yes_or_No
FROM items;
```

どの規格を選択すべきか？

次の 2 つのコードは、異なる規格を使ってテーブルを結合しています。ANSI-89 は広く採用された最初の標準規格であり、その後の ANSI-92 では、大きな改訂がいくつか行われました。

```
-- ANSI-89
SELECT c.id, c.name, o.date
FROM customer c, order o
WHERE c.id = o.id;
```

```
-- ANSI-92
SELECT c.id, c.name, o.date
FROM customer c INNER JOIN order o
ON c.id = o.id;
```

新しい SQL コードを書くのであれば、最新の規格（本書の執筆時点では ANSI SQL2016）、または使用している RDBMS のドキュメントで規定されている構文のどちらかを使うことを勧めます。

ただし、以前の規格を知っておくことも重要です。会社が数十年にわたって存続しているのであれば、古いコードに出くわす可能性もあるからです。

3.3 SQL の用語

次の SQL コードは、それぞれの従業員（employee）が 2021 年に成立させた販売数を表示します。このコードを使って、さまざまな SQL 用語を明確にしていきましょう。

```
-- 2021年に成立した販売数
SELECT e.name, COUNT(s.sale_id) AS num_sales
FROM employee e
  LEFT JOIN sales s ON e.emp_id = s.emp_id
WHERE YEAR(s.sale_date) = 2021
  AND s.closed IS NOT NULL
GROUP BY e.name;
```

3.3.1 キーワードと関数

キーワードと関数は、SQL に組み込まれている語句です。

3.3.1.1 キーワード

キーワード（keyword）は、SQL において、すでに何らかの意味を持っているテキストです。次のコード内のすべてのキーワードを網掛けで示します。

```
SELECT e.name, COUNT(s.sale_id) AS num_sales
FROM employee e
  LEFT JOIN sales s ON e.emp_id = s.emp_id
```

```
WHERE YEAR(s.sale_date) = 2021
  AND s.closed IS NOT NULL
GROUP BY e.name;
```

SQL は大文字と小文字を区別しない

一般にキーワードは、読みやすさのために大文字で表記されます。しかし、SQL では大文字と小文字は区別されないので、コードの実行時には、大文字の WHERE と小文字の where は同じものを意味します。

3.3.1.2　関数

関数（function）は、特別な種類のキーワードです。関数は、0 個以上の入力を受け取り、その入力に対して何らかの処理を行い、出力を返します。SQL では、関数の後にはたいてい括弧が続きますが、必ずというわけではありません。次のコード内の 2 つの関数を網掛けで示します。

```
SELECT e.name, COUNT(s.sale_id) AS num_sales
FROM employee e
  LEFT JOIN sales s ON e.emp_id = s.emp_id
WHERE YEAR(s.sale_date) = 2021
  AND s.closed IS NOT NULL
GROUP BY e.name;
```

関数には、数値、文字列、日時、その他の 4 つのカテゴリーがあります。

- COUNT() は数値関数です。これは列を受け取り、NULL でない行（値を持っている行）の数を返します。
- YEAR() は日時関数です。これはデータ型が日付型または日時型の列を受け取り、年を抽出し、それを新しい列として返します。

よく使われる関数のリストについては、**表7-2** を参照してください。

3.3.2　識別子とエイリアス

識別子とエイリアスは、ユーザーが定義する語句です。

3.3.2.1 識別子

　識別子（identifier）は、テーブルや列など、データベースオブジェクトの名前です。次のコード内のすべての識別子を網掛けで示します。

```
SELECT e.name, COUNT(s.sale_id) AS num_sales
FROM employee e
  LEFT JOIN sales s ON e.emp_id = s.emp_id
WHERE YEAR(s.sale_date) = 2021
  AND s.closed IS NOT NULL
GROUP BY e.name;
```

　識別子は、文字（a-z または A-Z）で始まり、その後に文字、数字、アンダースコア（_）の任意の組み合わせが続きます。そのほかに、@、#、$のような追加の文字を許可するソフトウェアもあります[†1]。

　読みやすさのために、一般的に識別子は小文字で、キーワードは大文字で表記されます。ただし、コードは大文字・小文字に関係なく実行されます。

　既存のキーワードと同じ名前を識別子に付けることは避けるべきです。たとえば、COUNT は SQL のキーワードなので、列に COUNT という名前を付けるべきではありません。

　それでもそうしたい場合は、識別子を二重引用符（""）で囲むことで混乱を回避できます。たとえば、COUNT の代わりに、"COUNT" という名前を列に付けることができます。しかし、num_sales のように、まったく異なる名前を使うのが最善です。

　MySQL では、識別子を囲むために、二重引用符の代わりにバッククォート（`）を使います。

3.3.2.2 エイリアス

　エイリアス（alias）は、列やテーブルの名前を、クエリーの間だけ一時的に変更します。つまり、クエリーの結果内ではその新しいエイリアス名が表示されますが、テーブル内の元の列名は変わりません。次のコード内のすべてのエイリアスを網掛けで示します。

---

†1　訳注：RDBMS によってはマルチバイト文字も使えますが、クライアントアプリケーションで不具合を起こすこともあるため、一般的にはあまり使われません。

```
SELECT e.name, COUNT(s.sale_id) AS num_sales
FROM employee e
  LEFT JOIN sales s ON e.emp_id = s.emp_id
WHERE YEAR(s.sale_date) = 2021
  AND s.closed IS NOT NULL
GROUP BY e.name;
```

　標準では、列の名前を変えるときには AS を使い（AS num_sales）、テーブルの名前を変えるときには何も付けません（e）。ただし、厳密に言えば、列についてもテーブルについても、どちらの構文も有効です。

　列とテーブルだけでなく、サブクエリーの名前を一時的に変更したい場合にも、エイリアスは役立ちます。

3.3.3　文と句

　これらは、SQL コードの一部を指し示すための方法です。

3.3.3.1　文

　文（statement）はキーワードで始まり、セミコロン（;）で終わります。次のコード全体は、SELECT というキーワードで始まっているので、SELECT 文と呼ばれます。

```
SELECT e.name, COUNT(s.sale_id) AS num_sales
FROM employee e
  LEFT JOIN sales s ON e.emp_id = s.emp_id
WHERE YEAR(s.sale_date) = 2021
  AND s.closed IS NOT NULL
GROUP BY e.name;
```

GUI を提供するデータベースツールの多くは、文の終わりのセミコロン（;）を必要としません。

　SELECT 文は最もよく使われる種類の SQL 文であり、データベース内でデータを検索するので、「クエリー」とよく呼ばれます。その他の種類の SQL 文については「3.4　サブ言語」で解説します。

3.3.3.2　句

　句（clause）は**節**とも呼ばれ、文の特定の部分を指し示すための方法です。次に示

すのは、最初に示した SELECT 文です。

```sql
SELECT e.name, COUNT(s.sale_id) AS num_sales
FROM employee e
  LEFT JOIN sales s ON e.emp_id = s.emp_id
WHERE YEAR(s.sale_date) = 2021
  AND s.closed IS NOT NULL
GROUP BY e.name;
```

この文には、4 つの主要な句が含まれています。

- SELECT 句

```sql
SELECT e.name, COUNT(s.sale_id) AS num_sales
```

- FROM 句

```sql
FROM employee e
  LEFT JOIN sales s ON e.emp_id = s.emp_id
```

- WHERE 句

```sql
WHERE YEAR(s.sale_date) = 2021
  AND s.closed IS NOT NULL
```

- GROUP BY 句

```sql
GROUP BY e.name;
```

会話の中で、「FROM 句の中のテーブルを見て」のように、人々が文の一部を指すのを耳にすることがあるかもしれません。これは、コードの特定の部分に注目するための便利な方法です。

 実はこの文には、前に挙げた 4 つよりも多くの句が含まれています。英語の文法では、文（センテンス）の一部である複数の語のまとまりを「句」または「節」と言います[†2]。したがって、SQL コードの特定の部分をさらに具体的に指し示したければ、次のものを

---

†2　訳注：正確には、文の一部であり、主語と動詞を含んでいるものを「節」、そうでないものを「句」と呼びます。

```
LEFT JOIN sales s ON e.emp_id = s.emp_id
```

LEFT JOIN 句と呼ぶことができます。

　最もよく使われるのは、SELECT、FROM、WHERE、GROUP BY、HAVING、ORDER BY で始まる 6 個の句です。これらについては、「4章　クエリーの基礎」で詳しく説明します。

3.3.4　式と述語

　これらは、関数や識別子などを組み合わせたものです。

3.3.4.1　式

　式（expression）は、結果としてある値になる数式と考えることができます。前のコードでの式は、次のようなものでした。

```
COUNT(s.sale_id)
```

　この式は、関数（COUNT）と識別子（s.sale_id）を含んでいます。これらが組み合わされて、販売数を数えることを表す式を形成しています。

　その他の式の例としては、次のようなものが挙げられます。

- s.sale_id + 10 は、基本的な数学演算を含んでいる数値式です。
- CURRENT_DATE は、単なる 1 つの関数であり、現在の日付を返す日時式です。

3.3.4.2　述語

　述語（predicate）は、結果として TRUE/FALSE/UNKNOWN の 3 つの値のいずれかになる論理比較です。これは、**条件文**（conditional statement）と呼ばれることもあります。次のコード内の 3 つの述語を網掛けで示します。

```
SELECT e.name, COUNT(s.sale_id) AS num_sales
FROM employee e
  LEFT JOIN sales s ON e.emp_id = s.emp_id
WHERE YEAR(s.sale_date) = 2021
  AND s.closed IS NOT NULL
GROUP BY e.name;
```

この例で注目してほしいのは次のことです。

- 等号（=）は、値を比較するための最も一般的な演算子です。
- NULL は、値がないことを表します。ある列が値を持っていないかどうかを
  チェックする場合は、= NULL と書く代わりに、IS NULL と書きます。

3.3.5　コメント、引用符、空白文字

これらは、SQL で意味を持つ句読記号です。

3.3.5.1　コメント

コメント（comment）は、コードが実行されるときに無視されるテキストです。た
とえば次のようなものです。

```
-- 2021年に成立した販売数
```

コードをレビューする他のユーザー（将来の自分も含めて！）が、コードをすべて
読まなくても意図をすぐに理解できるように、コード内にコメントを含めることはと
ても有益です。

コメントアウトするには、次のようにします。

1 行のテキストの場合

```
-- これはコメントです
```

複数行のテキストの場合

```
/* これは
コメントです */
```

3.3.5.2　引用符

SQL で使える引用符には、単一引用符（' '）と二重引用符（" "）の 2 種類があり
ます。

```
SELECT "This column"
FROM my_table
WHERE name = 'Bob';
```

単一引用符：文字列

'Bob' の部分を見てください。文字列値を参照する場合は、単一引用符を使います。実践では、二重引用符よりも単一引用符を見る機会がはるかに多いでしょう。

二重引用符：識別子

"This column" の部分を見てください。識別子を参照する場合は、二重引用符を使います。この例では、This と column の間にスペースがあるので、This column が1つの列名として解釈されるようにするには二重引用符が必要です。もし二重引用符がなければ、間にあるスペースのせいで、エラーが発生するでしょう。とは言え、列に名前を付けるときには、二重引用符を使わなくても済むように、スペースの代わりにアンダースコア（_）を使うのがよい習慣です。

MySQL では、識別子を囲むために、二重引用符（""）の代わりにバッククォート（``）を使います。

3.3.5.3　空白文字

SQL は、語句の間の空白文字の数を気にしません。それがスペースであろうと、タブであろうと、改行であろうと、SQL は、最初のキーワードから文の最後のセミコロンまでをクエリーとして実行します。したがって、次の2つのクエリーは同じです。

```
SELECT * FROM my_table;

SELECT *
  FROM my_table;
```

簡単な SQL クエリーでは、コード全体が1行に書かれているものを目にすることが多いでしょう。数十行、さらには数百行にも及ぶ長いクエリーでは、句が変わるたびに改行され、多くの列名やテーブル名がタブを使って列挙されているものを目にすることが多いでしょう。

最終的な目標は読みやすいコードにすることなので、コードがすっきり見えて、すばやく目を通せるよう、どのように整列させるかを決める（または会社のガイドラインに従う）必要があります。

3.4 サブ言語

SQL では、さまざまな種類の文を書くことができます。それらは、**表3-1** に示す
5 つのサブ言語（sublanguage）に分類できます。

表3-1 SQL のサブ言語

サブ言語	説明	よく使われるコマンド	参照箇所
データ照会言語（DQL）	Data Query Language の略。ほとんどの人が慣れ親しんでいる言語。これらの文は、テーブルなどのデータベースオブジェクトから情報を検索するために使われ、「SQL クエリー」とよく呼ばれる	SELECT	本書の大半はDQL のために書かれている
データ定義言語（DDL）	Data Definition Language の略。テーブルやインデックスなどのデータベースオブジェクトを定義または作成するために使われる言語	CREATE、ALTER、DROP	「5章 作成、更新、削除」
データ操作言語（DML）	Data Manipulation Language の略。データベース内のデータを操作または変更するために使われる言語	INSERT、UPDATE、DELETE	「5章 作成、更新、削除」
データ制御言語（DCL）	Data Control Language の略。データベース内のデータへのアクセスを制御するために使われる言語。「アクセス許可」や「権限」と呼ばれることもある	GRANT、REVOKE	本書では扱わない
トランザクション制御言語（TCL）	Transaction Control Language の略。データベース内のトランザクションの管理や、データベースへの永続的な変更の適用のために使われる言語	COMMIT、ROLLBACK	「5.6 トランザクション管理」

ほとんどのデータアナリストとデータサイエンティストは、DQL である SELECT
文を書いてテーブルへの問い合わせを行いますが、データベース管理者やデータエン
ジニアは、それ以外にその他のサブ言語を使ってコードを書き、データベースのメン
テナンスを行います。

SQL 言語のまとめ

- ANSI SQL は、すべてのデータベースソフトウェアで動作する、標準化
  された SQL コードです。多くの RDBMS には拡張機能があり、それら
  は規格には準拠していませんが、それぞれのソフトウェアに機能を追加し
  ています。
- キーワードは、SQL で予約されている語句であり、特別な意味を持ち
  ます。
- 句は、文の特定の部分を指します。よく使われる句は、SELECT、FROM、
  WHERE、GROUP BY、HAVING、ORDER BY などです。
- 大文字・小文字の区別や空白文字は、SQL の実行では重要ではありませ
  んが、読みやすさのためのベストプラクティスがあります。
- SELECT 文のほかに、オブジェクトを定義するためのコマンド、データを
  操作するためのコマンドなどがあります。

4章
クエリーの基礎

　「クエリー」とは SELECT 文の別名であり、6 個の主要な句で構成されます。この章では、次のそれぞれの句について詳しく解説します。

1. SELECT
2. FROM
3. WHERE
4. GROUP BY
5. HAVING
6. ORDER BY

　このほかに、MySQL、PostgreSQL、SQLite でサポートされている LIMIT 句についても解説します。

　この章のコード例では、次の 4 つのテーブルを使います。それぞれの定義と内容については、「付録 A　サンプルテーブルの定義と内容」を参照してください。

waterfall
　　ミシガン州のアッパー半島に存在する滝

owner
　　滝の所有者

county
　　滝が存在している郡

tour
　　　複数の立ち寄り先（滝）で構成されるツアー

次に示すのは、6個の主要な句を使ったサンプルクエリーです。その後にクエリー
の結果が続いていますが、これは**結果セット**（result set）とも呼ばれます。

```
-- 一般公開されている2つ以上の滝を巡るツアー
SELECT    t.name AS tour_name,
          COUNT(*) AS num_waterfalls
FROM      tour t LEFT JOIN waterfall w
          ON t.stop = w.id
WHERE     w.open_to_public = 'y'
GROUP BY  t.name
HAVING    COUNT(*) >= 2
ORDER BY  tour_name;

tour_name   num_waterfalls
---------- ---------------
M-28                     6
Munising                 6
US-2                     4
```

データベースに対してクエリーを実行することは、データベースから（通常は1つ
または複数のテーブルから）データを検索することを意味します。

　　　テーブルの代わりに、**ビュー**に対してクエリーを行うこともできます。ビュー
　　　はテーブルと同じように見えますが、テーブルから派生したものであり、それ
　　　自身はデータを保持していません。ビューについては、「5.5　ビュー」で詳し
　　　く説明します。

4.1　SELECT句

　SELECT句には、SELECT文から返してもらいたい列を指定します。具体的には、
SELECTキーワードの後に、列名や式をカンマ（,）で区切ったリストを指定します。
それぞれの列名や式が、結果内での列になります。

4.1.1　列を選択する

　最も簡単なSELECT句は、FROM句のテーブルから1つ以上の列をリストしたもの
です。

```
SELECT id, name
FROM owner;

id    name
----- ----------------
    1 Pictured Rocks
    2 Michigan Nature
    3 AF LLC
    4 MI DNR
    5 Horseshoe Falls
```

SELECT 文の実行結果は、使用する RDBMS や実行環境によって異なる場合があります。

たとえば、上の SELECT 文では結果の表示順序が指定されていないので、どのような順序で表示されるかはわかりません。また、後で出てくる計算結果に関しても、RDBMS によって整数で表示されたり小数で表示されたりしますし、小数の桁数も RDBMS によって異なります。したがって、必ずしも本書の結果のとおりに表示されるとは限らないことを承知しておいてください。

4.1.2　すべての列を選択する

テーブルからすべての列を返すには、それぞれの列名を書き出す代わりに、1 つのアスタリスク（*）を使います。

```
SELECT *
FROM owner;

id    name             phone         type
----- ---------------- ------------- --------
    1 Pictured Rocks   906.387.2607  public
    2 Michigan Nature  517.655.5655  private
    3 AF LLC                         private
    4 MI DNR           906.228.6561  public
    5 Horseshoe Falls  906.387.2635  private
```

アスタリスクは、多くのタイピングを省略できるので、クエリーをテストする場合に便利なショートカットです。ただし、実動コードでアスタリスクを使うことは危険を伴います。なぜなら、時間の経過とともにテーブル内の列は変更される可能性があり、列の数が期待よりも多かったり少なかったりすると、コードが失敗する恐れがあるからです。

4.1.3　式を選択する

SELECT 句の中には、単に列をリストするだけでなく、より複雑な式を指定して、それを結果内で列として返すことができます。

次の文には、人口の 10% 減を計算し、小数点以下の桁数をゼロに丸める式が含まれています。

```
SELECT name, ROUND(population * 0.9, 0)
FROM county;

name         ROUND(population * 0.9, 0)
----------   --------------------------   ------
Alger                               8876
Baraga                              7871
Ontonagon                           7036
...
```

4.1.4　関数を選択する

SELECT 句にリストする式は、通常はデータを取得しようとしているテーブルの列を参照しますが、例外もあります。どのテーブルも参照しない関数としてよく使われるのが、現在の日付を返す関数です。

```
SELECT CURRENT_DATE;

CURRENT_DATE
-------------
2021-12-01
```

このコードは、MySQL、PostgreSQL、SQLite で動作します。その他の RDBMS で動作する同等のコードについては、「7.5　日時関数」を参照してください。

> ほとんどのクエリーには SELECT 句と FROM 句の両方が含まれますが、CURRENT_DATE のような特定のデータベース関数を使用する場合は、SELECT 句だけが必須です。

SELECT 句の中には、サブクエリー（別のクエリーの中にネストされたクエリー）である式を含めることもできます。詳細については、「4.1.7　サブクエリーを選択する」で解説します。

4.1.5 列に別名を付ける

列エイリアス（column alias）の目的は、SELECT 句の中にリストされた列や式に一時的な名前（別名）を付けることです。その一時的な名前、すなわち列エイリアスは、結果の中で列名として表示されます。

元のテーブル内の列名は変わらないので、永続的な名前の変更ではないことに注意してください。列エイリアスは、クエリーの中だけに存在します。

次のコードは 3 つの列を表示します。

```
SELECT id, name,
       ROUND(population * 0.9, 0)
FROM county;

id    name       ROUND(population * 0.9, 0)
----- ---------- ----------------------------
    2 Alger                           8876
    6 Baraga                          7871
    7 Ontonagon                       7036
...
```

ここで、結果内の列名を変更したいと仮定しましょう。id はあいまいすぎるので、もっと説明的な名前に変えたいですし、ROUND(population * 0.9, 0) は長すぎるので、もっと簡潔な名前に変えたいのです。

列エイリアスを作成するには、列名や式の後に、(1) エイリアス名、(2) AS キーワードとエイリアス名、のいずれかを続けます。

```
-- エイリアス名
SELECT id county_id, name,
       ROUND(population * 0.9, 0) estimated_pop
FROM county;
```

または、

```
-- AS エイリアス名
SELECT id AS county_id, name,
       ROUND(population * 0.90, 0) AS estimated_pop
FROM county;

county_id  name       estimated_pop
---------- ---------- --------------
        2 Alger                8876
        6 Baraga               7871
        7 Ontonagon            7036
...
```

　列エイリアスを作成する場合、どちらの選択肢も実際に使われますが、SELECT 句の中では、2 番目の選択肢のほうがよく使われます。なぜなら、長い列名のリストでは、AS キーワードによって、列名とエイリアスとを視覚的に区別しやすいからです。

 PostgreSQL の古いバージョンでは、列エイリアスを作成するときに AS を使う必要があります。

　列エイリアスの使用は必須ではありませんが、式を扱う場合は、結果内の列にわかりやすい名前を与えるために、使用することを強く勧めます。

4.1.5.1　大文字・小文字の区別や句読点を持つ列エイリアス

　county_id や estimated_pop という列エイリアスを見てもわかるように、列エイリアスを命名する場合は、慣例として小文字を使い、スペースの代わりにアンダースコア（_）を使います。

　次の例のように、二重引用符の構文を使って、大文字、スペース、句読点などを含んだエイリアスを作成することもできます。

```
SELECT id AS "Waterfall #",
  name AS "Waterfall Name"
FROM waterfall;

Waterfall #  Waterfall Name
------------ --------------
           1 Munising Falls
           2 Tannery Falls
           3 Alger Falls
...
```

4.1.6　列を修飾する

　たとえば、2 つのテーブルからデータを取得するクエリーを書いていて、どちらのテーブルにも name という列が存在すると仮定しましょう。もし SELECT 句の中に name だけを含めるとしたら、どちらのテーブルを参照しているのか、わからなくなってしまうでしょう。

　この問題を解決するために、テーブル名を使って列名を**修飾**（qualify）することができます。table_name.column_name（テーブル名.列名）のように、ドット表記を

使って列に接頭辞を付けることで、その列がどのテーブルに属しているかを指定できます。

　次の例では、1つのテーブルに対してクエリーを行っているので列を修飾する必要はありませんが、これは説明のためです。テーブル名を使って列を修飾するには、このように記述します。

```
SELECT owner.id, owner.name
FROM owner;
```

SQL で「ambiguous column name」（あいまいな列名）という内容のエラーが出る場合は、クエリー内の複数のテーブルに同じ名前の列が存在し、どのテーブルの列であるかをユーザーが指定しなかったことを意味します。列名を修飾することで、このエラーは解決します。

4.1.6.1　テーブルを修飾する

　列名をテーブル名で修飾する場合、そのテーブル名を、さらにデータベース名やスキーマ名で修飾することもできます。次のクエリーは、sqlbook スキーマ内の owner テーブルからデータを検索します。

```
SELECT sqlbook.owner.id, sqlbook.owner.name
FROM sqlbook.owner;
```

　スキーマの扱いは、RDBMS によって大きく異なります。ここでは、テーブル名をデータベース名やスキーマ名で修飾できるということを覚えておいてください。

　このコードは、sqlbook.owner が何度も繰り返されているので、冗長です。タイピングを省略するために、**テーブルエイリアス**（table alias）を指定することができます。次の例では、owner テーブルに o というテーブルエイリアスを与えています。

```
SELECT o.id, o.name
FROM sqlbook.owner o;
```

　または、

```
SELECT o.id, o.name
FROM owner o;
```

列エイリアスとテーブルエイリアス

　列エイリアスは、結果内での列の名前を変更するために、SELECT 句の中で定義します。AS を含めるのが一般的ですが、必須ではありません。

```
-- 列エイリアス
SELECT num AS new_col
FROM my_table;
```

　テーブルエイリアスは、テーブルに対して一時的な別名を作成するために、FROM 句の中で定義します。AS を付けないのが一般的ですが、付けても動作します。

```
-- テーブルエイリアス
SELECT *
FROM my_table mt;
```

4.1.7　サブクエリーを選択する

　サブクエリー（subquery）[1]とは、別のクエリーの中にネストされた（入れ子になった）クエリーのことです。サブクエリーは、SELECT 句だけでなく、さまざまな句の中に書くことができます。

　次の例では、郡（county）の ID、名前、人口（population）のほかに、すべての郡の平均人口も表示しています。サブクエリーを含めることで、平均人口を表す新しい列（average_pop）を結果内に作成しています。

```
SELECT id, name, population,
       (SELECT AVG(population) FROM county)
       AS average_pop
FROM county;

id    name        population  average_pop
----- ----------- ----------- -------------
    2 Alger             9862         18298
    6 Baraga            8746         18298
    7 Ontonagon         7818         18298
...
```

---

†1　訳注：「副問合せ」や「副照会」などと訳されることもあります。

ここで覚えておいてほしいことは、次のとおりです。

- サブクエリーは丸括弧で囲む必要があります。
- SELECT 句の中にサブクエリーを書く場合は、列エイリアス（この例では average_pop）を指定することを強く推奨します。それにより、結果内での列の名前が簡潔になります。
- average_pop の列には 1 つの値だけが存在し、それがすべての行について繰り返し表示されています。SELECT 句の中にサブクエリーを含める場合、そのサブクエリーは、次のように 1 個の列、かつ 0 個または 1 個の行を返すものでなければなりません。

```
SELECT AVG(population) FROM county;

AVG(population)
----------------
           18298
```

- サブクエリーが 0 個の行を返す場合、その列の値は NULL になります。

非相関サブクエリーと相関サブクエリー

前のコードの例は**非相関サブクエリー**（noncorrelated subquery）です。これは、サブクエリーが外側のクエリーを参照しないことを意味します。非相関サブクエリーは、外側のクエリーとは関係なく、単独で実行できます。

もう 1 つの種類のサブクエリーが**相関サブクエリー**（correlated subquery）です。これは、外側のクエリーの値を参照するサブクエリーです。相関サブクエリーは処理速度を大きく低下させる場合が多いので、代わりに JOIN を使ってクエリーを書き直すのが最善です。相関サブクエリーとより効率的なコードの例については、この後すぐに説明します。

4.1.7.1　相関サブクエリーでのパフォーマンスの問題

次のクエリーは、所有者（owner）ごとの滝の数を返します。サブクエリー内の o.id = w.owner_id というステップが、外側のクエリーの owner テーブルを参照

していることに注目してください。これにより、相関サブクエリーになっています。

```
SELECT o.id, o.name,
       (SELECT COUNT(*) FROM waterfall w
       WHERE o.id = w.owner_id) AS num_waterfalls
FROM owner o;

id    name                 num_waterfalls
----- ---------------- ----------------
    1 Pictured Rocks               3
    2 Michigan Nature              3
    3 AF LLC                       1
    4 MI DNR                       1
    5 Horseshoe Falls              0
```

　より適切な方法は、JOINを使ってクエリーを書き直すことです。その結果、まずテーブル同士が結合され、その後でクエリーの残りの部分が実行されます。データの各行についてサブクエリーを繰り返し実行するよりも、はるかに高速になります。結合の詳細については、「9.1　テーブルの結合」で解説します。

```
SELECT    o.id, o.name,
          COUNT(w.id) AS num_waterfalls
FROM      owner o LEFT JOIN waterfall w
          ON o.id = w.owner_id
GROUP BY o.id, o.name;

id    name                 num_waterfalls
----- ---------------- ----------------
    1 Pictured Rocks               3
    2 Michigan Nature              3
    3 AF LLC                       1
    4 MI DNR                       1
    5 Horseshoe Falls              0
```

4.1.8　DISTINCT キーワード

　SELECT句に列を指定した場合、デフォルトでは、すべての行が返されます。このことをより明確にするためにALLキーワードを含めることもできますが、これは完全に任意です。次のクエリーはどちらも、typeとopen_to_publicの組み合わせのリストを返します。

```
SELECT o.type, w.open_to_public
FROM owner o
JOIN waterfall w ON o.id = w.owner_id;
```

または、

```
SELECT ALL o.type, w.open_to_public
FROM owner o
JOIN waterfall w ON o.id = w.owner_id;

type      open_to_public
--------  ---------------
public    y
public    y
public    y
private   y
private   y
private   y
private   y
public    y
```

重複する行を結果から取り除きたい場合は、DISTINCT キーワードを使います。次のクエリーは、type と open_to_public の一意の組み合わせのリストを返します。

```
SELECT DISTINCT o.type, w.open_to_public
FROM owner o
JOIN waterfall w ON o.id = w.owner_id;

type      open_to_public
--------  ---------------
public    y
private   y
```

4.1.8.1 COUNT と DISTINCT

1つの列に含まれている一意の値の数を数えるには、SELECT 句の中で COUNT キーワードと DISTINCT キーワードを組み合わせます。次のクエリーは、type 列の一意の値の数を返します。

```
SELECT COUNT(DISTINCT type) AS unique_type
FROM owner;

unique_type
------------
          2
```

複数の列についての一意の組み合わせの数を数えるには、DISTINCT クエリーをサブクエリーとして包み、そのサブクエリーに対して COUNT を実行します。次のクエ

リーは、type と open_to_public の一意の組み合わせの数を返します。

```
SELECT COUNT(*) AS num_unique
FROM (SELECT DISTINCT o.type, w.open_to_public
      FROM owner o JOIN waterfall w
      ON o.id = w.owner_id) my_subquery;

num_unique
-----------
         2
```

MySQL と PostgreSQL は、複数の列に対する COUNT(DISTINCT) 構文をサポートしています。次の2つのクエリーは前のクエリーと同等ですが、サブクエリーを必要としません。

```
-- MySQLでの同等のクエリー
SELECT COUNT(DISTINCT o.type, w.open_to_public)
       AS num_unique
       FROM owner o JOIN waterfall w
           ON o.id = w.owner_id;

-- PostgreSQLでの同等のクエリー
SELECT COUNT(DISTINCT (o.type, w.open_to_public))
       AS num_unique
       FROM owner o JOIN waterfall w
           ON o.id = w.owner_id;

num_unique
-----------
         2
```

4.2　FROM句

FROM句は、検索したいデータのソースを指定するために使われます。最も簡単な例は、クエリーの FROM 句の中で1つのテーブルまたはビューを指定することです。

```
SELECT name
FROM waterfall;
```

ドット表記を使ってデータベース名またはスキーマ名を指定することで、テーブルを修飾することができます。次のクエリーは、sqlbook スキーマ内の waterfall テーブルからデータを検索します。

```
SELECT name
FROM sqlbook.waterfall;
```

4.2.1 複数のテーブルから検索する

1つのテーブルからデータを検索する代わりに、複数のテーブルからデータを検索したい場合がよくあります。そのための最も一般的な方法は、FROM 句の中で JOIN 句を使うことです。次のクエリーは、waterfall と tour の両方のテーブルからデータを検索し、1つの結果テーブルを表示します。

```
SELECT *
FROM waterfall w JOIN tour t
    ON w.id = t.stop;

id   name              ... name       stop ...
----- ----------------     ---------- -----
    1 Munising Falls       M-28          1
    1 Munising Falls       Munising      1
    2 Tannery Falls        Munising      2
    3 Alger Falls          M-28          3
    3 Alger Falls          Munising      3
...
```

このコードを、それぞれの部分に分解してみましょう。

4.2.1.1 テーブルエイリアス

```
waterfall w JOIN tour t
```

waterfall テーブルと tour テーブルには、それぞれ w と t というテーブルエイリアスが付けられています。これらは、クエリー内での一時的なテーブル名です。テーブルエイリアスは JOIN 句で必須ではありませんが、ON 句や SELECT 句の中で参照するテーブル名を短縮するために、とても役立ちます。

4.2.1.2 JOIN .. ON ..

```
waterfall w JOIN tour t
ON w.id = t.stop
```

2つのテーブルは、JOIN キーワードによって結合されます。JOIN 句の後には必ず ON 句が続きます。これは、テーブル同士をどのように結びつけるかを指定するもの

です。この例では、waterfall テーブル内の滝の id と、tour テーブル内の stop（立ち寄り先）が一致していなければなりません。

 FROM、JOIN、ON の各句が異なる行に書かれていたり、インデントされていたりするのを見かけることがあるでしょう。これは必須ではありませんが、読みやすさのために役立ちます。特に、多くのテーブルを結合する場合に役立ちます。

4.2.1.3　結果テーブル

クエリーの結果は、必ず 1 つのテーブルになります。たとえば、waterfall テーブルには 12 個の列があり、tour テーブルには 3 個の列があるとします。これらのテーブルを結合すると、結果テーブルは 15 個の列を持つことになります。

```
id    name            ... name      stop ...
----- ---------------     --------- -----
    1 Munising Falls      M-28          1
    1 Munising Falls      Munising      1
    2 Tannery Falls       Munising      2
    3 Alger Falls         M-28          3
    3 Alger Falls         Munising      3
...
```

ここで、結果テーブルの中に name という列が 2 つ存在することに気がつくでしょう。1 つは waterfall テーブルの列であり、もう 1 つは tour テーブルの列です。SELECT 句の中でそれらを参照するには、列名を修飾する必要があります。

```
SELECT w.name, t.name
FROM waterfall w JOIN tour t
    ON w.id = t.stop;

name            name
--------------- ---------
Munising Falls  M-28
Munising Falls  Munising
Tannery Falls   Munising
...
```

2 つの列を区別するために、列名にエイリアスを付けることができます。

```
SELECT w.name AS waterfall_name,
       t.name AS tour_name
FROM waterfall w JOIN tour t
    ON w.id = t.stop;
```

```
waterfall_name   tour_name
--------------   ----------
Munising Falls   M-28
Munising Falls   Munising
Tannery Falls    Munising
Alger Falls      M-28
Alger Falls      Munising
...
```

4.2.1.4　JOIN のバリエーション

前の例で、ある滝がどのツアーにも含まれていなければ、その滝は結果テーブルの中には現れません。結果テーブルの中にすべての滝を表示したければ、別の種類の結合（JOIN）を使う必要があります。

JOIN のデフォルトは INNER JOIN

前の例では、シンプルな JOIN キーワードを使って 2 つのテーブルからデータを取得していますが、使用する結合の種類を明示するのが最善の方法です。JOIN だけを指定すると、デフォルトで INNER JOIN（内部結合）になります。つまり、両方のテーブル内に存在するデータ行だけが、結果として返されます。

SQL で使われる結合には、さまざまな種類があります。これについては、「9.1 テーブルの結合」で詳しく説明します。

4.2.2　サブクエリーから検索する

サブクエリーは、別のクエリーの中にネストされたクエリーです。FROM 句でのサブクエリーは、独立した SELECT 文でなければなりません。つまり、外側のクエリーをいっさい参照せず、単独で実行できるものでなければなりません。

FROM 句でのサブクエリーは、クエリーの間、実質的にテーブルのように振る舞うので、**派生テーブル**（derived table）とも呼ばれます。

次のクエリーは、公的な所有者（public）が所有するすべての滝を表示します。サ

ブクエリーの部分を網掛けで示してあります。

```
SELECT w.name AS waterfall_name,
       o.name AS owner_name
FROM (SELECT * FROM owner WHERE type = 'public') o
    JOIN waterfall w
    ON o.id = w.owner_id;

waterfall_name   owner_name
---------------  ---------------
Little Miners    Pictured Rocks
Miners Falls     Pictured Rocks
Munising Falls   Pictured Rocks
Wagner Falls     MI DNR
```

このクエリーが実行される順序を理解しておくことは重要です。

ステップ1：サブクエリーが実行される

最初に、サブクエリーの内容が実行されます。この結果は、次のように公的な所有者だけのテーブルになります。

```
SELECT * FROM owner WHERE type = 'public';

id    name            phone         type
----- --------------- ------------- -------
    1 Pictured Rocks  906.387.2607  public
    4 MI DNR          906.228.6561  public
```

元のクエリーに戻ると、サブクエリーのすぐ後に o という文字が続いています。これは一時的な名前、すなわちエイリアスであり、サブクエリーの結果にこの名前を割り当てています。

 MySQL、PostgreSQL、SQL Server では、FROM 句でのサブクエリーにエイリアスを割り当てる必要がありますが、Oracle や SQLite では必要ありません。

ステップ2：クエリー全体が実行される

次に、o という文字がサブクエリーに取って代わると考えることができます。これで、このクエリーは従来どおりに実行されます。

```
SELECT w.name AS waterfall_name,
       o.name AS owner_name
FROM o JOIN waterfall w
    ON o.id = w.owner_id;

waterfall_name   owner_name
--------------   --------------
Little Miners    Pictured Rocsk
Miners Falls     Pictured Rocks
Munising Falls   Pictured Rocks
Wagner Falls     MI DNR
```

サブクエリーか WITH 句か？

　サブクエリーを書く代わりに、WITH 句を使って共通テーブル式（CTE）を書くこともできます。WITH 句のメリットは、あらかじめサブクエリーに名前を付けるので、コードが簡潔になることと、そのサブクエリーを繰り返し参照できることです。

```
WITH o AS (SELECT * FROM owner
           WHERE type = 'public')

SELECT w.name AS waterfall_name,
       o.name AS owner_name
FROM o JOIN waterfall w
    ON o.id = w.owner_id;
```

　WITH 句は、MySQL 8.0 以降（2018 年以降）、PostgreSQL、Oracle、SQL Server、SQLite でサポートされています。「9.3 共通テーブル式」では、このテクニックを使った多くの例を紹介します。

4.2.3　なぜ FROM 句の中でサブクエリーを使うのか？

　サブクエリーを使う主なメリットは、1 つの大きな問題を複数の小さな問題に分割できることです。2 つの例を紹介します。

例 1：複数のステップで結果にたどり着く

　たとえば、1 つのツアーの立ち寄り先の平均数を知りたいと仮定しましょう。それには、まずツアーごとの立ち寄り先の数を調べ、次にその結果の平均を求

める必要があります。

次のクエリーは、各ツアーの立ち寄り先（stop）の数を調べます。

```
SELECT name, COUNT(stop) AS num_stops
FROM tour
GROUP BY name;

name       num_stops
---------  ----------
M-28               6
Munising           6
US-2               4
```

次に、このクエリーをサブクエリーに変え、そのまわりに別のクエリーを書い
て平均を求めます。

```
SELECT AVG(num_stops) FROM
(SELECT name, COUNT(stop) AS num_stops
FROM tour
GROUP BY name) tour_stops;

AVG(num_stops)
----------------
5.33333333333333
```

例 2：FROM 句のテーブルが大きすぎる

もともとのクエリーの目的は、公的な所有者が所有するすべての滝を表示する
ことでした。実は、サブクエリーを使わなくても、代わりに JOIN 句を使って
実現できます。

```
SELECT w.name AS waterfall_name,
       o.name AS owner_name
FROM   owner o
       JOIN waterfall w ON o.id = w.owner_id
WHERE  o.type = 'public';

waterfall_name   owner_name
---------------  ---------------
Little Miners    Pictured Rocks
Miners Falls     Pictured Rocks
Munising Falls   Pictured Rocks
Wagner Falls     MI DNR
```

ここで、このクエリーの実行に非常に時間がかかると仮定しましょう。このよ

うな状況は、(数千万行あるような) 巨大なテーブル同士を結合する場合に起こり得ます。高速化のためにクエリーを書き直す方法はいくつかありますが、その1つがサブクエリーを利用することです。

私たちにとって関心があるのは公的な所有者だけなので、まず、私的な所有者 (private) をすべて除外するサブクエリーを書きます。これで小さくなった owner テーブルと waterfall テーブルを結合すると、処理時間は短くなり、同じ結果が得られます。

```
SELECT w.name AS waterfall_name,
       o.name AS owner_name
FROM   (SELECT * FROM owner
       WHERE type = 'public') o
       JOIN waterfall w ON o.id = w.owner_id;

waterfall_name    owner_name
---------------   ---------------
Little Miners     Pictured Rocks
Miners Falls      Pictured Rocks
Munising Falls    Pictured Rocks
Wagner Falls      MI DNR
```

この2つの例は、サブクエリーを使うと大きなクエリーをいくつかの小さなステップに分割できることを示す、数多くの例の一部にすぎません。

4.3 WHERE 句

WHERE 句は、クエリーの結果を、関心のある行だけに限定するために使われます。簡単に言えば、データをフィルタリング (選別) するための場所です。テーブルからすべての行を表示したいと思うことはめったになく、特定の基準に合致する行だけを表示したいと思うのが普通でしょう。

数百万行もあるテーブルを調べる場合に、SELECT * FROM my_table; とはしないでしょう。実行するのに、無駄に時間がかかるからです。

代わりに、データをフィルタリングして減らすのが、よい考えです。そのためによく使われる方法が次の2つです。

- WHERE 句の中で、列によってフィルタリングする
  すでにインデックスが作成されている列によってフィルタリングすると、

さらに検索が速くなります。

```
SELECT *
FROM my_table
WHERE year_id = 2021;
```

● LIMIT 句を使って、データの最初の数行を表示する
Oracle では代わりに WHERE ROWNUM <= 10 を、SQL Server では
SELECT TOP 10 * を使います。

```
SELECT *
FROM my_table
LIMIT 10;
```

次のクエリーは、名前に「Falls」を含んでいないすべての滝を探します。LIKE キーワードについては、「7章 演算子と関数」で詳しく説明します。

```
SELECT id, name
FROM waterfall
WHERE name NOT LIKE '%Falls%';

id    name
----- ----------------
    7 Little Miners
   14 Rapid River Fls
```

網掛けで示した部分は、しばしば「述語」または「条件文」と呼ばれます。述語はデータの各行について論理比較を行います。その結果は、TRUE/FALSE/UNKNOWN のいずれかになります。

waterfall テーブルには 16 個の行があります。それぞれの行について、滝の名前が「Falls」を含んでいるかどうかがチェックされます。「Falls」を含んでいなければ、name NOT LIKE '%Falls%' という述語は TRUE になり、結果テーブルの中にその行が返されます。この例では、2つの行がこれに該当しました。

4.3.1　複数の述語

AND や OR のような演算子を使って、複数の述語を組み合わせることもできます。次の例は、名前に「Falls」を含んでおらず、所有者もいない滝を表示します。

```
SELECT id, name
FROM waterfall
WHERE name NOT LIKE '%Falls%'
      AND owner_id IS NULL;
```

```
id    name
----- ----------------
   14 Rapid River Fls
```

演算子については、「7.1　演算子」で詳しく説明します。

4.3.2　サブクエリーによるフィルタリング

　サブクエリーは、別のクエリーの中にネストされたクエリーであり、特に WHERE
句の中でよく使われます。次の例は、アルジャー郡（Alger County）に存在する、一
般公開されている滝を検索します。

```
SELECT w.name
FROM   waterfall w
WHERE  w.open_to_public = 'y'
       AND w.county_id IN (
           SELECT c.id FROM county c
           WHERE c.name = 'Alger');

name
----------------
Munising Falls
Tannery Falls
Alger Falls
...
```

SELECT 句や FROM 句でのサブクエリーと違って、WHERE 句でのサブクエリー
はエイリアスを必要としません。それどころか、エイリアスを含めるとエラー
になります。

4.3.2.1　なぜ WHERE 句の中でサブクエリーを使うのか？

　前のクエリーの目的は、アルジャー郡に存在する、一般公開されている滝を検索す
ることでした。もしゼロからこのクエリーを書くとしたら、おそらく次のように書き
始めるでしょう。

```
SELECT w.name
FROM   waterfall w
WHERE  w.open_to_public = 'y';
```

　この時点では、一般公開されているすべての滝のリストが得られます。最後の仕上
げは、その中でアルジャー郡に存在するものを見つけることです。waterfall テー

ブルには郡の名前の列はありませんが、county テーブルにはそれがあることがわかっています。

　郡の名前を結果に取り込むためには、2 つの選択肢があります——（1）WHERE 句の中で、アルジャー郡の情報を取得するためのサブクエリーを書く、（2）waterfall テーブルと county テーブルを結合する。

```
-- WHERE句でのサブクエリー
SELECT  w.name
FROM    waterfall w
WHERE   w.open_to_public = 'y'
        AND w.county_id IN (
            SELECT c.id FROM county c
            WHERE c.name = 'Alger');
```

または、

```
-- JOIN句による結合
SELECT  w.name
FROM    waterfall w INNER JOIN county c
        ON w.county_id = c.id
WHERE   w.open_to_public = 'y'
        AND c.name = 'Alger';

name
---------------
Munising Falls
Tannery Falls
Alger Falls
...
```

　この 2 つのクエリーは、同じ結果をもたらします。最初の方法のメリットは、結合よりもサブクエリーのほうが理解しやすい場合が多いことです。2 番目の方法のメリットは、一般にサブクエリーよりも結合のほうが速く実行されることです。

最適化より動作することを優先

　SQL コードを書く場合、同じことをするために、たいてい複数の方法があります。

　最優先すべきは、「動作する」コードを書くことです。たとえ実行に時間がかかったり、見栄えが悪かったりしても構いません…動作するのですから！

もし時間があれば、次のステップとしてコードを「最適化」します。JOIN を使って書き直すことでパフォーマンスを改善したり、インデントや大文字・小文字の区別をつけることで読みやすくしたりします。

最適化されたコードを書くことを一番に重視するのではなく、動作するコードを書くことを重視してください。経験とともに、洗練されたコードが書けるようになります。

4.3.2.2 データをフィルタリングするためのその他の方法

WHERE 句は、SELECT 文の中でデータ行をフィルタリングするための唯一の場所ではありません。

FROM 句

テーブル同士を結合する場合、それらをどのように結びつけるかを ON 句で指定します。ON 句には、クエリーによって返されるデータの行数を制限するための条件を含めることができます。詳しくは、「9.1 テーブルの結合」で解説します。

HAVING 句

SELECT 文の中に集計が存在する場合は、その集計をどのようにフィルタリングすべきかを HAVING 句で指定します。詳しくは、「4.5 HAVING 句」で解説します。

LIMIT 句

特定の行数を表示するには、LIMIT 句を使います。Oracle では代わりに WHERE ROWNUM を、SQL Server では SELECT TOP を使います。詳しくは「4.7 LIMIT 句」で解説します。

4.4 GROUP BY 句

GROUP BY 句の目的は、データ行をグループごとにまとめ、グループ内の行を何らかの方法で集約し、最終的にグループごとに 1 つの行だけを返すことです。これは、データ行を複数のグループに「スライス」し、各グループ内の行を「ロールアップ」すると表現されることもあります。

次のクエリーは、ツアーごとに滝の数を数えます。

```
SELECT    t.name AS tour_name,
          COUNT(*) AS num_waterfalls
FROM      waterfall w INNER JOIN tour t
          ON w.id = t.stop
GROUP BY t.name;

tour_name   num_waterfalls
----------  ----------------
M-28                       6
Munising                   6
US-2                       4
```

ここでは、次の2つの部分に注目してください。

- GROUP BY 句で指定される「行の収集」
- SELECT 句で指定される、グループ内での「行の集約」

ステップ1：行の収集

次の GROUP BY 句は、

```
GROUP BY t.name
```

すべてのデータ行を調べて、ツアーの名前ごとにグループとしてまとめたい、ということを宣言しています。つまり、M-28 ツアーのすべての滝を1つのグループに、Munising ツアーのすべての滝を1つのグループに、といった具合にまとめたいということです。舞台裏では、データが次のようにグループ化されます。

```
tour_name   waterfall_name
----------  ----------------
M-28        Munising Falls
M-28        Alger Falls
M-28        Scott Falls
M-28        Canyon Falls
M-28        Agate Falls
M-28        Bond Falls

Munising    Munising Falls
Munising    Tannery Falls
Munising    Alger Falls
Munising    Wagner Falls
Munising    Horseshoe Falls
```

```
Munising    Miners Falls

US-2        Bond Falls
US-2        Fumee Falls
US-2        Kakabika Falls
US-2        Rapid River Fls
```

ステップ2：行の集約

次の SELECT 句は、

```
SELECT t.name AS tour_name,
       COUNT(*) AS num_waterfalls
```

各グループについて、つまり各ツアーについて、グループ内のデータの行数を数えたい、ということを宣言しています。データの各行は滝を表すので、結果として、これはツアーごとの滝の数になります。

ここでの COUNT() 関数は、より正式には**集計関数** (aggregate function)[†2] と呼ばれます。これは、多くのデータ行を1つの値に集約する関数であることを意味します。「7.2 集計関数」では、さらに多くの集計関数を紹介します。

この例で COUNT(*) は、ツアーごとの滝の数を返します。ただし、これは、waterfall テーブルと tour テーブルの各行が1つの滝を表しているからです。

もし1つの滝が複数の行にリストされていたとしたら、COUNT(*) は、期待する値よりも大きな値を返していたでしょう。この例では、一意の滝の数を求めるために、代わりに COUNT(DISTINCT waterfall_name) を使うことができるでしょう。詳細については、「4.1.8.1 COUNT と DISTINCT」を参照してください。

覚えておいてほしいのは、集計関数の結果を手作業でもう一度チェックし、意図したとおりにデータが集約されているかどうかを確認することが重要だということです。

GROUP BY 句によってグループが作成済みなので、それぞれのグループに対して集計関数が一度ずつ適用されます。

---

†2　訳注：「集約関数」と訳されることもあります。

```
tour_name   COUNT(*)
----------  ---------
M-28                6
M-28
M-28
M-28
M-28
M-28

Munising            6
Munising
Munising
Munising
Munising
Munising

US-2                4
US-2
US-2
US-2
```

　さらに、集計関数が適用されていない列——この例では tour_name 列——が 1 つ
の値に折りたたまれます。

```
tour_name   COUNT(*)
----------  ---------
M-28                6
Munising            6
US-2                4
```

このように、多くの詳細行が 1 つの集計行に折りたたまれることは、GROUP BY
句を使用する場合、SELECT 句は次のものだけを含んでいなければならないこと
を意味します。

- GROUP BY 句にリストされているすべての列—— t.name
- 集計関数—— COUNT(*)

```
SELECT t.name AS tour_name,
       COUNT(*) AS num_waterfalls
...
GROUP BY t.name;
```

そうでないと、エラーメッセージが発生するか、または不正確な値が返される
可能性があります。

GROUP BY 句の実際の使い方

GROUP BY 句を使う場合に取るべきステップは、次のとおりです。

1. データをグループ化するために、どの列（1つまたは複数）を使いたいかを考える（たとえば、ツアー名）。
2. それぞれのグループ内で、どのようにデータを集約したいかを考える（たとえば、それぞれのツアー内の滝の数を数える）。

それらを決めたら、

1. SELECT 句の中に、グループ化したい列（ツアー名）と、各グループ内で求めたい集計（滝の数）をリストする。
2. GROUP BY 句の中に、集計以外のすべての列（ツアー名）をリストする。

ROLLUP、CUBE、GROUPING SETS など、グループ化のより複雑な事例については、「8.2　グループ化と集約」を参照してください。

4.5　HAVING句

HAVING 句は、GROUP BY クエリーによって返される行を制限します。つまり、GROUP BY が適用された後で、結果をフィルタリングします。

HAVING 句は、GROUP BY 句のすぐ後に指定します。GROUP BY 句がなければ、HAVING 句も指定できません。

次のクエリーは、GROUP BY 句を使って、ツアーごとの滝の数を表示します。

```
SELECT   t.name AS tour_name,
         COUNT(*) AS num_waterfalls
FROM     waterfall w INNER JOIN tour t
         ON w.id = t.stop
GROUP BY t.name;
```

```
tour_name  num_waterfalls
---------- ---------------
M-28                     6
Munising                 6
US-2                     4
```

　ここで、ちょうど6か所に立ち寄るツアーだけを表示したいとしましょう。そのためには、GROUP BY 句の後に HAVING 句を追加します。

```
SELECT   t.name AS tour_name,
         COUNT(*) AS num_waterfalls
FROM     waterfall w INNER JOIN tour t
         ON w.id = t.stop
GROUP BY t.name
HAVING   COUNT(*) = 6;

tour_name  num_waterfalls
---------- ---------------
M-28                     6
Munising                 6
```

WHERE 句と HAVING 句

どちらの句も、目的はデータをフィルタリングすることです。

- 特定の列についてフィルタリングしたい場合は、WHERE 句の中に条件を書きます。
- 集計についてフィルタリングしたい場合は、HAVING 句の中に条件を書きます。

WHERE 句と HAVING 句の内容を交換することはできません。

- 集計を伴う条件を WHERE 句に含めてはいけません。エラーが発生します。
- 集計を伴わない条件を HAVING 句に含めてはいけません。そのような条件は、WHERE 句に書いたほうが、はるかに効率よく評価されます。

　前のコードをよく見ると、HAVING 句では、次のように COUNT(*) という集計関数を参照していて、

```
SELECT COUNT(*) AS num_waterfalls
...
HAVING COUNT(*) = 6;
```

次のようにエイリアスを参照してはいません。

```
# このコードは実行されない
SELECT COUNT(*) AS num_waterfalls
...
HAVING num_waterfalls = 6;
```

この理由は、句が実行される順序にあります。SELECT 句は HAVING 句の前に書かれていますが、実際に実行されるのは HAVING 句の「後」です。

つまり、SELECT 句の num_waterfalls というエイリアスは、HAVING 句が実行されている時点では存在していません。したがって、HAVING 句では、代わりにCOUNT(*) という集計関数そのものを参照する必要があるのです。

 MySQL と SQLite は例外であり、HAVING 句の中でもエイリアス（num_waterfalls）を使用できます。

4.6　ORDER BY 句

ORDER BY 句は、クエリーの結果をどのようにソートしたいか（並べ替えたいか）を指定するために使われます。

次のクエリーは、所有者と滝のリストを、何もソートせずに返します。

```
SELECT COALESCE(o.name, 'Unknown') AS owner,
       w.name AS waterfall_name
FROM   waterfall w
       LEFT JOIN owner o ON w.owner_id = o.id;

owner             waterfall_name
----------------  ---------------
Pictured Rocks    Munising Falls
Michigan Nature   Tannery Falls
AF LLC            Alger Falls
MI DNR            Wagner Falls
Unknown           Horseshoe Falls
...
```

　次のクエリーも所有者と滝のリストを返しますが、まず所有者によってアルファ
ベット順にソートされ、次に滝の名前によってアルファベット順にソートされます。

```sql
SELECT   COALESCE(o.name, 'Unknown') AS owner,
         w.name AS waterfall_name
FROM     waterfall w
         LEFT JOIN owner o ON w.owner_id = o.id
ORDER BY owner, waterfall_name;
```

```
owner            waterfall_name
---------------- ---------------
AF LLC           Alger Falls
MI DNR           Wagner Falls
Michigan Nature  Tannery Falls
Michigan Nature  Twin Falls #1
Michigan Nature  Twin Falls #2
...
```

COALESCE 関数

　COALESCE 関数は、列内のすべての NULL 値を別の値に置き換えます。この
例では、o.name 列の中の NULL 値が Unknown というテキストに置き換えられ
ます。

　ORDER BY 句での NULL 値の扱いは RDBMS によって異なり、NULL 値をソー
ト順の先頭に表示するものと末尾に表示するものがあります（MySQL、SQL
Server、SQLite では NULL 値がソート順の先頭になり、Oracle と PostgreSQL
では NULL 値が末尾になります）。したがって、もし COALESCE 関数を使ってい
なかったとしたら、使用する RDBMS によってソートの順序が異なっていたで
しょう。

　COALESCE 関数を使うことで、所有者を持たない滝は Unknown という所有者
を持つと明示されるようになり、どの RDBMS でも同じ結果が得られます。ま
た、置き換える値を、Unknown ではなく別の値に変えることで、ソートの順序
を変えることもできます。

　詳しくは、「7 章　演算子と関数」で解説します。

　デフォルトのソート順は昇順です。つまり、テキストは A から Z の順でソート
され、数値は小さいものから大きいものへとソートされます。ASCENDING および

DESCENDING（それぞれ ASC および DESC と省略可能）というキーワードを使うと、
それぞれの列のソートを制御できます。

　次に示すのは前のソートを修正したものですが、今度は所有者の名前を逆の順序で
ソートします。

```
SELECT COALESCE(o.name, 'Unknown') AS owner,
       w.name AS waterfall_name
...
ORDER BY owner DESC, waterfall_name ASC;

owner            waterfall_name
---------------- ----------------
Unknown          Agate Falls
Unknown          Bond Falls
Unknown          Canyon Falls
...
```

　次のように、SELECT リストの中にない列や式を使ってソートすることもできま
す[3]。

```
SELECT   COALESCE(o.name, 'Unknown') AS owner,
         w.name AS waterfall_name
FROM     waterfall w
         LEFT JOIN owner o ON w.owner_id = o.id
ORDER BY o.id DESC, w.id;

owner            waterfall_name
---------------- ----------------
MI DNR           Wagner Falls
AF LLC           Alger Falls
Michigan Nature  Tannery Falls
...
```

　また、SELECT 句での列の位置を示す数値を使ってソートすることもできます。

```
SELECT COALESCE(o.name, 'Unknown') AS owner,
       w.name AS waterfall_name
...
ORDER BY 1 DESC, 2 ASC;
```

---

[3]　訳注：前のコラムにも書かれているように、ORDER BY 句での NULL 値の扱いは RDBMS によって異なる
ので、このコードを実行すると、RDBMS によっては Unknown の行が最初に表示されます。

```
owner             waterfall_name
---------------   ---------------
Unknown           Agate Falls
Unknown           Bond Falls
Unknown           Canyon Falls
...
```

　SQL テーブル内の行は順序付けされていないので、ORDER BY 句を含めないと、クエリーを実行するたびに異なる順序で結果が表示される可能性があります。

ORDER BY 句はサブクエリー内では使用できない

　6 個の主要な句のうち、ORDER BY 句だけはサブクエリーの中で使えません。残念なことに、サブクエリーの行を強制的に並べ替えることはできません。

　この問題を回避するには、別のロジックを使ってクエリーを書き直す必要があります。サブクエリーの中で ORDER BY 句を使わないようにして、外側のクエリーだけに ORDER BY 句を含めるようにします。

4.7　LIMIT 句

　テーブルの内容をすばやく参照するには、テーブル内のすべてのデータではなく、限られた行数のデータだけを返すようにするのが最善です。

　MySQL、PostgreSQL、SQLite は、LIMIT 句をサポートしています。Oracle と SQL Server では、同じ機能を持つ別の構文を使います。

```sql
-- MySQL、PostgreSQL、SQLite
SELECT *
FROM owner
LIMIT 3;

-- Oracle
SELECT *
FROM owner
WHERE ROWNUM <= 3;

-- SQL Server
SELECT TOP 3 *
FROM owner;
```

```
id  name              phone          type
--- ----------------- -------------- --------
  1 Pictured Rocks    906.387.2607   public
  2 Michigan Nature   517.655.5655   private
  3 AF LLC                           private
```

　返される行数を制限するためのもう 1 つの方法は、WHERE 句の中で列についてフィルタリングすることです。その列にインデックスが付いていると、フィルタリングはさらに高速に実行されます。

5章
作成、更新、削除

　本書の大部分は、SQL クエリーを使ってデータベースからデータを読み取る方法について解説しています。データの読み取りは、作成（create）、読み取り（read）、更新（update）、削除（delete）という 4 つの基本的なデータベース操作の 1 つです。これらの操作は、頭文字を取って **CRUD** と呼ばれます。

　この章では、データベース、テーブル、インデックス、ビューに関して、読み取り以外の 3 つの操作に焦点を合わせます。また、「5.6　トランザクション管理」では、複数のコマンドを 1 つの単位として実行する方法を解説します。

5.1　データベース

　データベースとは、整理された方法でデータを保管するための場所です。

　データベースの中には、**データベースオブジェクト**（database object）を作成できます。これは、データを保管したり参照したりするためのものです。よく使われるデータベースオブジェクトには、テーブル、制約、インデックス、ビューなどがあります。

　データモデルとスキーマは、データベース内でデータベースオブジェクトがどのように構成されるかを表します。

　図5-1 は、いくつかのテーブルを含んでいるデータベースを示しています。テーブルがどのように定義されているか（たとえば、Sales テーブルには 5 つの列がある）や、テーブルが互いにどのように関連しているか（たとえば、Sales テーブル内の customer_id 列と Customer テーブル内の customer_id 列は一致する）といった詳細は、すべてデータベースのスキーマの一部です。

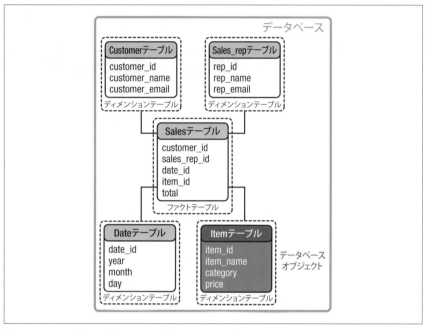

図5-1　スタースキーマを含んでいるデータベース

　図5-1 のテーブルは、**スタースキーマ**（star schema）の中に配置されています。スタースキーマは、データベース内でテーブルを構成するための基本的な方法です。スタースキーマは、中央に**ファクトテーブル**（fact table）を含み、そのまわりを**ディメンションテーブル**（dimension table）で囲みます。ディメンションテーブルは、**ルックアップテーブル**（lookup table）とも呼ばれます。ファクトテーブルは、行われた取引（この例では販売）を、追加情報の ID と一緒に記録します。これらの ID は、ディメンションテーブルの中で詳細に説明されています。

5.1.1　データモデルとスキーマ

　データベースを設計するときには、まずデータモデルを考えます。これは、データベースを高いレベルでどのように構成したいかということです。データモデルは**図5-1** のようなものであり、テーブル名や、それらが互いにどのように関連しているかなどを含みます。

　実践に移す準備ができたら、スキーマを作成します。これは、データベース内での

データモデルの実装です。使用するソフトウェアの中で、テーブル、制約、主キーと外部キーなどを指定します。

一部の RDBMS では、スキーマの定義が異なります。
MySQL では、スキーマとデータベースは同じものであり、この 2 つの言葉は同じ意味で使えます。
Oracle では、スキーマは、特定のユーザーが所有するデータベースオブジェクトで構成されるため、「スキーマ」と「ユーザー」という言葉は同じ意味で使われます。

5.1.2　既存のデータベース名の表示

すべてのデータベースオブジェクトはデータベース内に存在するので、最初の一歩としては、現在どのようなデータベースが存在しているかを調べるのがよいでしょう。**表5-1** は、それぞれの RDBMS で、既存のすべてのデータベース名を表示するためのコードを示しています。

表5-1　既存のデータベース名を表示するためのコード

RDBMS	コード
MySQL	`SHOW databases;`
Oracle	`SELECT * FROM global_name;`
PostgreSQL	`\l`
SQL Server	`SELECT name FROM master.sys.databases;`
SQLite	`.database`（または、ファイルブラウザーで.db ファイルを探す）

SQLite：ほとんどの RDBMS ソフトウェアでは、データベースは RDBMS の内部にあります。しかし SQLite では、データベースは、.db ファイルとして SQLite の外部に保存されます。データベースを使用するには、SQLite の起動時に.db ファイルの名前を指定します。

```
$ sqlite3 existing_db.db
```

5.1.3　現在のデータベース名の表示

クエリーを書く前に、現在どのデータベースの中にいるかを確認したい場合があるかもしれません。**表5-2** は、それぞれの RDBMS で、現在使用しているデータベースの名前を表示するためのコードを示しています。

表5-2　現在のデータベース名を表示するためのコード

RDBMS	コード
MySQL	`SELECT database();`
Oracle	`SELECT * FROM global_name;`
PostgreSQL	`SELECT current_database();`
SQL Server	`SELECT db_name();`
SQLite	`.database`

OracleとSQLiteでは、現在のデータベースを表示するコードと既存のデータベースを表示するコードが同じであることに気がついたかもしれません。

Oracleのインスタンスは、一度に1つのデータベースだけに接続することができ、通常はデータベースを切り替えることはしません。

SQLiteでは、一度に1つのデータベースファイルだけを開いて処理を行うことができます。

5.1.4　別のデータベースへの切り替え

別のデータベース内のデータを使いたい場合や、新しく作成したデータベースに切り替えたい場合もあるでしょう。**表5-3**は、それぞれのRDBMSで、別のデータベース（another_db）に切り替えるためのコードを示しています。

表5-3　別のデータベースに切り替えるためのコード

RDBMS	コード
MySQL、SQL Server	`USE another_db;`
Oracle	通常はデータベースを切り替えないが（前のノート記事を参照）、ユーザーを切り替えるには次のように入力する： `connect another_user`
PostgreSQL	`\c another_db`
SQLite	`.open another_db`

5.1.5　データベースの作成

CREATE権限を持っていれば、新しいデータベースを作成できます。そうでない場合は、既存のデータベース内だけで作業を行うことができます。**表5-4**は、それぞれのRDBMSで、データベースを作成するためのコードを示しています。

表5-4 データベースを作成するためのコード

RDBMS	コード
MySQL、Oracle、PostgreSQL、SQL Server	`CREATE DATABASE my_new_db;`
SQLite	`$ sqlite3 my_new_db.db`

Oracle：Oracle では、`CREATE DATABASE` 文の前後に（インスタンスや環境変数などに関して）追加のステップがいくつか必要です。詳細は Oracle のドキュメント（https://oreil.ly/lXKOF）を参照してください。

SQLite：「`$`」という記号は、読者が実際に入力する文字ではありません。これは、SQL のコードではなく、コマンドラインのコードであることを単に示すものです。

5.1.6 データベースの削除

DELETE 権限があれば、データベースを削除できます。**表5-5** は、それぞれの RDBMS で、データベースを削除するためのコードを示しています。

データベースを削除すると、データベース内のすべてのデータが失われます。バックアップを作成していないかぎり、元に戻すことはできません。そのデータベースが必要ないと 100% 確信が持てる場合を除いて、このコマンドは実行しないことを勧めます。

表5-5 データベースを削除するためのコード

RDBMS	コード
MySQL、Oracle、PostgreSQL、SQL Server	`DROP DATABASE my_new_db;`
SQLite	ファイルブラウザーで`.db` ファイルを削除する

Oracle：Oracle では、`DROP DATABASE` 文の前後に（マウントなどに関して）追加のステップがいくつか必要です。詳細は Oracle のドキュメント（https://oreil.ly/v0Tjd）を参照してください。

RDBMS によっては、現在使用しているデータベースを削除することはできません。データベースを削除する前に、まず別の（たとえばデフォルトの）データベースに切り替える必要があります。

- PostgreSQL では、デフォルトのデータベースは `postgres` です。

  ```
  \c postgres
  DROP DATABASE my_new_db;
  ```

- SQL Server では、デフォルトのデータベースは `master` です。

  ```
  USE master;
  go
  DROP DATABASE my_new_db;
  go
  ```

5.2　テーブルの作成

テーブルは行と列で構成され、データベース内のすべてのデータを保管します。SQL では、テーブルに関して、いくつかの追加要件があります。

- テーブルの各行は、一意でなければならない
- 列内のすべてのデータは、同じデータ型（整数、テキストなど）でなければならない

> SQLite では、列内のデータがすべて同じデータ型である必要はありません。それぞれの値が、列全体ではなくその値に関連づけられたデータ型を持つという点で、SQLite はより柔軟です。
> 他の RDBMS との互換性のために、SQLite は、データ型が割り当てられた列もサポートしています。ただし、それらの型は、その列について推奨されるデータ型であり、それ以外の型の値も保持することができます。

5.2.1　簡単なテーブルの作成

SQL で、データの入ったテーブルを作成するには、2 つのステップが必要です。まずテーブルの構造を定義し、その後でテーブルにデータを読み込みます。

1. テーブルを作成する

次のコードは、id、country、name という 3 つの列を持つ my_simple_table という空のテーブルを作成します。最初の列（id）のすべての値は整数でなければならず、他の 2 つの列（country と name）は、それぞれ 2 文字までと 15 文字までの文字列を含むことができます。

```
CREATE TABLE my_simple_table (
    id INTEGER,
    country VARCHAR(2),
    name VARCHAR(15)
);
```

INTEGER と VARCHAR 以外のデータ型については、「6 章　データ型」で説明します。

2. 行を挿入する

a. 1 行分のデータを挿入する

次のコードは、id、country、name の列に 1 行分のデータを挿入します。

```
INSERT INTO my_simple_table (id, country, name)
VALUES (1, 'US', 'Sam');
```

b. 複数行のデータを挿入する

表5-6 は、それぞれの RDBMS で、一度に 1 行の代わりに、複数行のデータをテーブルに挿入する方法を示しています。

表5-6　複数行のデータを挿入するためのコード

RDBMS	コード

MySQL、PostgreSQL、SQL Server、SQLite	`INSERT INTO my_simple_table`
	`        (id, country, name)`
	`VALUES (2, 'US', 'Selena'),`
	`       (3, 'CA', 'Shawn'),`
	`       (4, 'US', 'Sutton');`

Oracle	`INSERT ALL`
	`    INTO my_simple_table (id, country, name)`
	`                    VALUES (2, 'US', 'Selena')`
	`    INTO my_simple_table (id, country, name)`
	`                    VALUES (3, 'CA', 'Shawn')`
	`    INTO my_simple_table (id, country, name)`
	`                    VALUES (4, 'US', 'Sutton')`
	`SELECT * FROM dual;`

これらのデータを挿入すると、テーブルは次のようになります。

```
SELECT * FROM my_simple_table;

id  country  name
--- -------- -------
  1 US       Sam
  2 US       Selena
  3 CA       Shawn
  4 US       Sutton
```

データの行を挿入する場合は、列名の順序と値の順序が正確に一致していなければなりません。

INSERT 文の列のリストに指定しなかった列（省略した列）の値は、デフォルト値である NULL になります。ただし、その列に別のデフォルト値が指定されている場合は、その値になります。

テーブルを作成するには、CREATE 権限が必要です。前のコードの実行時にエラーが発生する場合は、権限がないことを意味しているので、データベース管理者に相談してください。

5.2.2　既存のテーブル名の表示

テーブルを作成する前に、同じテーブル名がすでに存在しているかどうか確認したい場合があります。**表5-7** は、それぞれの RDBMS で、データベース内の既存のテーブル名を表示するためのコードを示しています。

表5-7　既存のテーブル名を表示するためのコード

RDBMS	コード
MySQL	`SHOW tables;`

Oracle	`-- システムテーブルを含む、すべてのテーブル`
	`SELECT table_name FROM all_tables;`
	`-- ユーザーが作成したすべてのテーブル`
	`SELECT table_name FROM user_tables;`

PostgreSQL	`\dt`
SQL Server	`SELECT table_name FROM information_schema.tables;`
SQLite	`.tables`

5.2.3 まだ存在していないテーブルの作成

MySQL、PostgreSQL、SQLite では、テーブルの作成時に、IF NOT EXISTS キーワードを使って、既存のテーブルの有無をチェックできます。

```
CREATE TABLE IF NOT EXISTS my_simple_table (
  id INTEGER,
  country VARCHAR(2),
  name VARCHAR(15)
);
```

同じテーブル名が存在していなければ、新しいテーブルが作成されます。同じテーブル名がすでに存在している場合は、新しいテーブルは作成されず、エラーにもなりません。同じテーブル名が存在していて、IF NOT EXISTS を指定しなかった場合は、エラーメッセージが表示されます。

既存のテーブルを置き換えたい場合は、2 つの方法があります。

- DROP TABLE を使って既存のテーブルを完全に削除し、その後で新しいテーブルを作成する。
- DELETE FROM を使うことで、テーブルのスキーマ（すなわち構造）を維持したまま、テーブル内のデータを削除する。

5.2.4 制約を持つテーブルの作成

制約（constraint）とは、テーブルにどのようなデータを挿入できるかを指定するルールです。次のコードは、2 つのテーブルといくつかの制約（網掛けで示したもの）を作成します。

```
CREATE TABLE another_table (
  country VARCHAR(2) NOT NULL,
  name VARCHAR(15) NOT NULL,
  description VARCHAR(50),
  CONSTRAINT pk_another_table
    PRIMARY KEY (country, name)
);

CREATE TABLE my_table (
  id INTEGER NOT NULL,
  country VARCHAR(2) DEFAULT 'CA'
    CONSTRAINT chk_country
```

```
    CHECK (country IN ('CA','US')),
  name VARCHAR(15),
  cap_name VARCHAR(15),
  CONSTRAINT pk
    PRIMARY KEY (id),
  CONSTRAINT fk1
    FOREIGN KEY (country, name)
    REFERENCES another_table (country, name),
  CONSTRAINT unq_country_name
    UNIQUE (country, name),
  CONSTRAINT chk_upper_name
    CHECK (cap_name = UPPER(name))
);
```

CONSTRAINT キーワードは、後で参照できるように、制約に名前を付けます。この
キーワード（および制約名）は省略可能です。列と制約に同じ名前を使うことは避け
てください。

それぞれの制約について、次に示すセクションで解説します。

- NOT NULL （「5.2.4.1　制約：列内に NULL 値を許可しない NOT NULL」）
- DEFAULT （「5.2.4.2　制約：列内のデフォルト値を設定する DEFAULT」）
- CHECK （「5.2.4.3　制約：列内の値を制限する CHECK」）
- UNIQUE （「5.2.4.4　制約：列内で一意の値を要求する UNIQUE」）
- PRIMARY KEY （「5.2.5.1　主キーの指定」）
- FOREIGN KEY （「5.2.5.2　外部キーの指定」）

5.2.4.1　制約：列内に NULL 値を許可しない NOT NULL

SQL のテーブルでは、値を持たないセルは、NULL という言葉に置き換えられま
す。テーブルのそれぞれの列について、NULL 値を許可するかどうかを指定すること
ができます。

```
CREATE TABLE my_table (
  id INTEGER NOT NULL,
  country VARCHAR(2) NULL,
  name VARCHAR(15)
);
```

id 列の NOT NULL 制約は、その列が NULL 値を許可しないことを意味します。言

い換えれば、データを挿入するときに、その列に値が欠けていることは許されません。もし欠けていると、エラーになります。

　country 列の NULL 制約は、その列が NULL 値を許可することを意味します。このテーブルにデータを挿入していて、country 列を省略した場合、値は何も挿入されず、そのセルは NULL 値に置き換えられます。

　NULL や NOT NULL が指定されていない name 列は、デフォルトで NULL になり、NULL 値を許可します。

5.2.4.2　制約：列内のデフォルト値を設定する DEFAULT

　テーブルにデータを挿入するときに、欠けている値は NULL という言葉に置き換えられます。DEFAULT 制約を使うと、欠けている値を別の値に置き換えることができます。次のコードは、country 列の欠けている値を CA に置き換えます。

```
CREATE TABLE my_table (
   id INTEGER,
   country VARCHAR(2) DEFAULT 'CA',
   name VARCHAR(15)
);
```

5.2.4.3　制約：列内の値を制限する CHECK

　CHECK 制約を使うと、列内で許可する値を制限できます。次のコードは、country 列の値として、CA と US だけを許可します。

　CHECK キーワードは、列名とデータ型の直後に置くことができます。

```
CREATE TABLE my_table (
   id INTEGER,
   country VARCHAR(2) CHECK
      (country IN ('CA', 'US')),
   name VARCHAR(15)
);
```

　または、すべての列名とデータ型の後に置くこともできます。

```
CREATE TABLE my_table (
   id INTEGER,
   country VARCHAR(2),
   name VARCHAR(15),
   CHECK (country IN ('CA','US'))
);
```

次のように、複数の列をチェックするロジックを含めることもできます。

```
CREATE TABLE my_table (
    id INTEGER,
    country VARCHAR(2),
    name VARCHAR(15),
    CONSTRAINT chk_id_country
    CHECK (id > 100 AND country IN ('CA','US'))
);
```

5.2.4.4　制約：列内で一意の値を要求する UNIQUE

UNIQUE 制約を使うことで、列の値が一意であることを要求できます。

UNIQUE キーワードは、列名とデータ型の直後に置くことができます。

```
CREATE TABLE my_table (
    id INTEGER UNIQUE,
    country VARCHAR(2),
    name VARCHAR(15)
);
```

または、すべての列名とデータ型の後に置くこともできます。

```
CREATE TABLE my_table (
    id INTEGER,
    country VARCHAR(2),
    name VARCHAR(15),
    UNIQUE (id)
);
```

複数の列の組み合わせが一意であることを強制するロジックを含めることもできます。次のコードは、country と name の組み合わせが一意であることを要求します。たとえば、ある行は CA と Emma という組み合わせを、別の行は US と Emma という組み合わせを含むことができます。

```
CREATE TABLE my_table (
    id INTEGER,
    country VARCHAR(2),
    name VARCHAR(15),
    CONSTRAINT unq_country_name
    UNIQUE (country, name)
);
```

5.2.5　主キーと外部キーを持つテーブルの作成

主キーと外部キーは、データの行を一意に識別するための特別な種類の制約です。

5.2.5.1　主キーの指定

主キー（primary key）は、テーブル内のデータの各行を一意に識別します。主キーは、テーブル内の 1 つ以上の列で構成することができます。すべてのテーブルは主キーを持つべきです。

主キーを示す PRIMARY KEY キーワードは、列名とデータ型の直後に置くことができます。

```
CREATE TABLE my_table (
    id INTEGER PRIMARY KEY,
    country VARCHAR(2),
    name VARCHAR(15)
);
```

または、すべての列名とデータ型の後に置くこともできます。

```
CREATE TABLE my_table (
    id INTEGER,
    country VARCHAR(2),
    name VARCHAR(15),
    PRIMARY KEY (id)
);
```

複数の列で構成される主キー——**複合キー**（composite key）とも呼ばれます——を指定するには、次のようにします。

```
CREATE TABLE my_table (
    id INTEGER NOT NULL,
    country VARCHAR(2),
    name VARCHAR(15) NOT NULL,
    CONSTRAINT pk_id_name
    PRIMARY KEY (id, name)
);
```

PRIMARY KEY を指定することで、その（1 つまたは複数の）列に対して、NULL 値を含むことができないという制約（NOT NULL）と、値が一意でなければならないという制約（UNIQUE）を課すことになります。

主キーのベストプラクティス

　すべてのテーブルは主キーを持つべきです。これにより、すべての行を一意に識別できることが保証されます。

　(country, name) のような名前ではなく、(country_id, name_id) のように ID の列で主キーを構成することを勧めます。なぜなら、複数の行が同じ country と name の組み合わせを持つことが考えられるからです。一意の ID（101、102 など）を含んでいる列を加えることで、country_id と name id の組み合わせが一意であることが保証されます。

　主キーは、不変、つまり変更できないものであるべきです。これにより、テーブル内の特定の行を、常に同じ主キーで識別できるようになります。

5.2.5.2　外部キーの指定

　テーブル内の**外部キー**（foreign key）は、別のテーブルの主キーを参照します。この共通の列によって、2 つのテーブルが結びつけられます。1 つのテーブルは、0 個以上の外部キーを持つことができます。

　図5-2 は、2 つのテーブルを含むデータモデルを示しています。1 つは、id という主キーを持つ customers テーブル、もう 1 つは、o_id という主キーを持つ orders テーブルです。customers テーブルの観点からすると、order_id 列の値は o_id 列の値と一致します。order_id は別のテーブル内の主キーを参照しているので、これは外部キーになります。

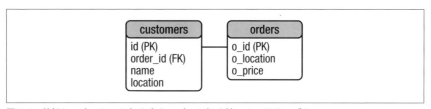

図5-2　外部キー（order_id）と主キー（o_id）を持つ 2 つのテーブル

　外部キーを指定するには、次のステップに従います。

1. 参照先となるテーブルを特定し、その主キーを確認します。

この例では、orders テーブル、具体的に言うと o_id 列を参照します。

```
CREATE TABLE orders (
    o_id INTEGER PRIMARY KEY,
    o_location VARCHAR(20),
    o_price DECIMAL(6,2)
);
```

2. 外部キーを持つテーブルを作成します。外部キーは、別のテーブルの主キーを参照します。

この例では、customers というテーブルを作成します。その order_id 列は、orders テーブルの o_id という主キーを参照します。

```
CREATE TABLE customers (
    id INTEGER PRIMARY KEY,
    order_id INTEGER,
    name VARCHAR(15),
    location VARCHAR(20),
    FOREIGN KEY (order_id)
    REFERENCES orders (o_id)
);
```

複数の列で構成される外部キーを指定するには、対応する主キーも複数の列で構成されていなければなりません。

```
CREATE TABLE orders (
    o_id INTEGER,
    o_location VARCHAR(20),
    o_price DECIMAL(6,2),
    PRIMARY KEY (o_id, o_location)
);

CREATE TABLE customers (
    id INTEGER PRIMARY KEY,
    order_id INTEGER,
    name VARCHAR(15),
    location VARCHAR(20),
    CONSTRAINT fk_id_name
    FOREIGN KEY (order_id, location)
    REFERENCES orders (o_id, o_location)
);
```

外部キー（order_id）とそれが参照する主キー（o_id）は、同じデータ型でなければなりません。

5.2.6　自動的に生成されるフィールドを持つテーブルの作成

　一意の ID 列を持たないデータセットをテーブルに読み込もうとする場合、一意の ID を自動的に生成する列を作成したいと考えるかもしれません。**表5-8** のコードは、それぞれの RDBMS で、u_id 列に一連の数値（1、2、3 など）を自動的に生成します。

表5-8　一意の ID を自動的に生成するためのコード

RDBMS	コード

MySQL	<pre>CREATE TABLE my_table (
	    u_id INTEGER PRIMARY KEY AUTO_INCREMENT,
	    country VARCHAR(2),
	    name VARCHAR(15)
	);</pre>

Oracle	<pre>CREATE TABLE my_table (
	    u_id INTEGER GENERATED BY DEFAULT
	                 ON NULL AS IDENTITY,
	    country VARCHAR2(2),
	    name VARCHAR2(15)
	);</pre>

PostgreSQL	<pre>CREATE TABLE my_table (
	    u_id SERIAL,
	    country VARCHAR(2),
	    name VARCHAR(15)
	);</pre>

SQL Server	<pre>-- u_id は 1 から始まり、1 ずつ増える
	CREATE TABLE my_table (
	    u_id INTEGER IDENTITY(1,1),
	    country VARCHAR(2),
	    name VARCHAR(15)
	);</pre>

SQLite	<pre>CREATE TABLE my_table (
	    u_id INTEGER PRIMARY KEY AUTOINCREMENT,
	    country VARCHAR(2),
	    name VARCHAR(15)
	);</pre>

Oracle では通常、VARCHAR の代わりに VARCHAR2 が使われます。それらは機能に関しては同じですが、VARCHAR は将来変更される可能性があるので、VARCHAR2 を使うほうが安全です。

SQLite は、どうしても必要でないかぎり、AUTOINCREMENT の使用を推奨していません。なぜなら、コンピューティングリソースを余分に消費するからです。とは言え、コードはエラーなしに実行されます。

5.2.7　クエリーの結果をテーブルに挿入する

　手作業で値を入力して新しいテーブルに挿入する代わりに、(1つまたは複数の) 既存のテーブルから新しいテーブルにデータを読み込みたいと考えるかもしれません。

　たとえば、次のようなテーブルがあるとします。

```
SELECT * FROM my_simple_table;

id  country  name
--- -------- -------
  1 US       Sam
  2 US       Selena
  3 CA       Shawn
  4 US       Sutton
```

2つの列を持つ新しいテーブルを作成します。

```
CREATE TABLE new_table_two_columns (
            id INTEGER,
            name VARCHAR(15)
);
```

次のようにすると、クエリーの結果を新しいテーブルに挿入することができます。

```
INSERT INTO new_table_two_columns
            (id, name)
SELECT id, name
FROM   my_simple_table
WHERE  id < 3;
```

新しいテーブルは次のようになります。

```
SELECT * FROM new_table_two_columns;
```

```
id   name
---  -------
  1 Sam
  2 Selena
```

また、既存のテーブルから値を挿入し、それと同時に値を追加したり変更したりすることもできます。

4つの列を持つ新しいテーブルを作成します。

```
CREATE TABLE new_table_four_columns (
            id INTEGER,
            name VARCHAR(15),
            new_num_column INTEGER,
            new_text_column VARCHAR(30)
);
```

クエリーの結果を新しいテーブルに挿入し、新しい列に値を設定します。

```
INSERT INTO new_table_four_columns
       (id, name, new_num_column, new_text_column)
SELECT id, name, 2017, 'stargazing'
FROM   my_simple_table
WHERE  id = 2;
```

クエリーの結果を新しいテーブルに挿入し、行内の値（この例では id 列の値）を変更します。

```
INSERT INTO new_table_four_columns
       (id, name, new_num_column, new_text_column)
SELECT 3, name, 2017, 'wolves'
FROM   my_simple_table
WHERE  id = 2;
```

新しいテーブルは次のようになります。

```
SELECT * FROM new_table_four_columns;

id   name    new_num_column   new_text_column
---  -------  ---------------  ----------------
  2 Selena  2017             stargazing
  3 Selena  2017             wolves
```

5.2.8　テキストファイルからテーブルにデータを挿入する

テキストファイルのデータ（特別な書式設定を持たず、プレーンテキストとして保存されたデータ）をテーブルに読み込みたい場合があるかもしれません。よく使われるテキストファイルの1つが、.csv ファイル（カンマ区切りファイル）です。テキストファイルは、Excel、Notepad（メモ帳）、TextEdit（テキストエディット）など、RDBMS 以外のアプリケーションで開くことができます。

次のコードは、my_data.csv ファイルをテーブルに読み込む方法を示しています。

my_data.csv ファイルの内容

```
unique_id,canada_us,artist_name
5,"CA","Celine"
6,"CA","Michael"
7,"US","Stefani"
8,,"Olivia"
...
```

テーブルの作成

```
CREATE TABLE new_table (
  id INTEGER,
  country VARCHAR(2),
  name VARCHAR(15)
);
```

表5-9 のコードは、それぞれの RDBMS で、my_data.csv ファイルを new_table テーブルに読み込みます。<file_path>は my_data.csv ファイルのファイルパスを表します。データを読み込むときに、次に示すような、データに関する詳細を指定することができます。

- データはカンマ（,）で区切られている
- テキストの値は二重引用符（""）で囲まれている
- それぞれの行は、改行されている（\n）
- テキストファイルの先頭の行（見出しを含んでいる行）は無視する

表5-9 .csv ファイルからデータを挿入するためのコード

RDBMS	コード
MySQL	LOAD DATA LOCAL INFILE '<file_path>/my_data.csv' INTO TABLE new_table FIELDS TERMINATED BY ',' ENCLOSED BY '"' LINES TERMINATED BY '\n' IGNORE 1 ROWS;
Oracle	SQL*Loader（`sqlldr` コマンド）を使ってコマンドライン上で行うこともできるが、SQL Developer のような GUI ツールを使って読み込むのが最善
PostgreSQL	\copy new_table FROM '<file_path>/my_data.csv' DELIMITER ',' CSV HEADER （実際には改行せず、1 行に記述）

SQL Server	BULK INSERT new_table
	FROM '<file_path>/my_data.csv'
	WITH
	(
	    FORMAT = 'CSV',
	    FIELDTERMINATOR = ',',
	    FIELDQUOTE = '"',
	    ROWTERMINATOR = '\n',
	    FIRSTROW = 2,
	    TABLOCK
	);[1]

SQLite	.mode csv .import <file_path>/my_data.csv new_table --skip 1 （カンマ区切り表示になる。元の表示に戻すには.mode list を実行）

データを挿入すると、テーブルは次のようになります。

```
SELECT * FROM new_table;

id  country  name
--- -------- --------
  5 CA       Celine
  6 CA       Michael
  7 US       Stefani
  8 NULL     Olivia
...
```

---

[1] 訳注：SQL Server の文字コードが Shift_JIS に設定されている場合（Windows でのデフォルトの設定）、読み込む CSV ファイルが UTF-8 で保存されていると、エラーになる場合があります。その場合は、ファイルを Shift_JIS で保存し直すか、または BULK INSERT の WITH () の中に「CODEPAGE = '65001',」という行を追加します。

デスクトップのファイルパスの例

`my_data.csv` がデスクトップにある場合、それぞれの OS でのファイルパス
は次のようになります[†2]（`my_username` はユーザー名を表します）。

Linux
> /home/my_username/Desktop/my_data.csv

macOS
> /Users/my_username/Desktop/my_data.csv

Windows
> C:\Users\my_username\Desktop\my_data.csv

MySQL で、ローカルデータの読み込みが無効（Loading local data is
disabled）というエラーが出る場合は、次のようにグローバル変数の
`local_infile` を変更することで有効にし、MySQL をいったん終了します。

```
SET GLOBAL local_infile=1;
quit
```

その後、`--enable-local-infile` オプションを指定して MySQL を再起動
します。

5.2.8.1　欠落データと NULL 値

`.csv` ファイル内で欠けているデータを解釈する方法は、RDBMS によって異なり
ます。たとえば、`.csv` ファイル内の次の行が SQL テーブルに挿入されるときに、

```
8,,"Olivia"
```

`8` と `Olivia` の間の欠けている値は、次のものに置き換えられます。

- PostgreSQL と SQL Server では、NULL 値に

---

†2　訳注：使用する環境によって異なる場合があります。

● MySQL と SQLite では、空の文字列（''）に

MySQL と SQLite では、.csv ファイル内で\N を使って、SQL テーブルでの NULL 値を表すことができます。たとえば、.csv ファイル内の次の行が MySQL のテーブルに挿入される場合、

```
8,\N,"Olivia"
```

\N の部分は、テーブル内で NULL 値に置き換えられます。

SQLite のテーブルに挿入される場合は、テーブル内に\N がハードコーディングされます。その後で、次のコードを実行して、

```
UPDATE new_table
SET country = NULL
WHERE country = '\N';
```

テーブル内の\N というプレースホルダーを NULL 値に置き換えることができます。

5.3 テーブルの変更

このセクションでは、テーブルの名前、列、制約、およびテーブル内のデータを変更する方法を説明します。

テーブルを変更するには、ALTER 権限が必要です。このセクションのコードの実行時にエラーが発生する場合は、権限がないことを意味しているので、データベース管理者に相談してください。

5.3.1 テーブルや列の名前の変更

テーブルを作成した後で、テーブル名やテーブルの列名を変更することができます。

テーブルを変更すると、そのテーブルは永続的に変更されます。バックアップを作成していないかぎり、元に戻すことはできません。実行する前に、文を入念にチェックしてください。

5.3.1.1 テーブル名の変更

表5-10 のコードは、それぞれの RDBMS で、テーブル名を old_table_name から new_table_name に変更する方法を示しています。

表5-10 テーブル名を変更するためのコード

RDBMS	コード
MySQL、Oracle、PostgreSQL、SQLite	`ALTER TABLE old_table_name` `        RENAME TO new_table_name;`
SQL Server	`EXEC sp_rename 'old_table_name', 'new_table_name';`

5.3.1.2 列名の変更

表5-11 のコードは、それぞれの RDBMS で、列名を old_column_name から new_column_name に変更する方法を示しています。

表5-11 列名を変更するためのコード

RDBMS	コード

MySQL、Oracle、PostgreSQL、SQLite	`ALTER TABLE my_table`
	`        RENAME COLUMN old_column_name`
	`        TO new_column_name;`

SQL Server	`EXEC sp_rename 'my_table.old_column_name',` `               'new_column_name', 'COLUMN';`

5.3.2 列の表示、追加、削除

テーブルを作成した後で、テーブルの列の表示、追加、削除を行うことができます。

5.3.2.1 テーブルの列を表示する

表5-12 のコードは、それぞれの RDBMS で、テーブルの列を表示する方法を示しています。

表5-12 テーブルの列を表示するためのコード

RDBMS	コード
MySQL、Oracle	`DESCRIBE my_table;`
PostgreSQL	`\d my_table`

SQL Server	`SELECT column_name`
	`FROM information_schema.columns`
	`WHERE table_name = 'my_table';`

SQLite	`pragma table_info(my_table);`

5.3.2.2 テーブルに列を追加する

表5-13 のコードは、それぞれの RDBMS で、テーブルに列を追加する方法を示しています。

表5-13 テーブルに列を追加するためのコード

RDBMS	コード

MySQL、PostgreSQL	`ALTER TABLE my_table`
	`    ADD new_num_column INTEGER,`
	`    ADD new_text_column VARCHAR(30);`

Oracle	`ALTER TABLE my_table ADD (`
	`    new_num_column INTEGER,`
	`    new_text_column VARCHAR2(30));`

SQL Server	`ALTER TABLE my_table`
	`    ADD new_num_column INTEGER,`
	`        new_text_column VARCHAR(30);`

SQLite	`ALTER TABLE my_table`
	`    ADD new_num_column INTEGER;`
	`ALTER TABLE my_table`
	`    ADD new_text_column VARCHAR(30);`

5.3.2.3 テーブルから列を削除する

表5-14 のコードは、それぞれの RDBMS で、テーブルから列を削除する方法を示しています。

列に制約が付いている場合は、列を削除する前に、まず制約を削除する必要があります。

表5-14　テーブルから列を削除するためのコード

RDBMS	コード

MySQL、
PostgreSQL
	```ALTER TABLE my_table```
	 ``` DROP COLUMN new_num_column,```
	 ``` DROP COLUMN new_text_column;```

Oracle	```ALTER TABLE my_table```
	 ``` DROP COLUMN new_num_column;```
	 ```ALTER TABLE my_table```
	 ``` DROP COLUMN new_text_column;```

SQL Server	```ALTER TABLE my_table```
	 ``` DROP COLUMN new_num_column,```
	 ``` new_text_column;```

SQLite	コラム「SQLite での手作業による変更」を参照

SQLite での手作業による変更

　SQLite では、列の削除や制約の追加/変更/削除など、テーブルの変更の一部がサポートされていません。

　回避策として、GUI ツールを使って、テーブルの変更を行うコードを生成するか、または新しいテーブルを作成して、手作業でデータをコピーします（以下のステップを参照）。

1. 希望する列と制約を持つ、新しいテーブルを作成します。

```
CREATE TABLE my_table_2 (
  id INTEGER NOT NULL,
  country VARCHAR(2),
  name VARCHAR(30)
);
```

2. 古いテーブルから新しいテーブルにデータをコピーします。

```
INSERT INTO my_table_2
SELECT id, country, name
FROM my_table;
```

3. 新しいテーブルにデータが挿入されたことを確認します。

```
SELECT * FROM my_table_2;
```

4. 古いテーブルを削除します。

```
DROP TABLE my_table;
```

5. 新しいテーブルの名前を変更します。

```
ALTER TABLE my_table_2 RENAME TO my_table;
```

5.3.3 行の表示、追加、削除

テーブルを作成したら、テーブルの行の表示、追加、削除を行うことができます。

5.3.3.1 テーブルの行を表示する

テーブルの行を表示するには、単に SELECT 文を実行します。

```
SELECT * FROM my_table;
```

5.3.3.2 テーブルに行を追加する

テーブルにデータの行を追加するには、INSERT INTO を使います。

```
INSERT INTO my_table
   (id, country, name)
VALUES (9, 'US', 'Charlie');
```

5.3.3.3 テーブルから行を削除する

テーブルからデータの行を削除するには、DELETE FROM を使います。

```
DELETE FROM my_table
WHERE id = 9;
```

テーブルからすべての行を削除するには、WHERE 句を省略します。

```
DELETE FROM my_table;
```

テーブルからすべての行を削除することは、「トランケート」（切り捨て）とも呼ば

れます。これは、テーブルの定義を変更することなく、テーブル内のすべてのデータを取り除くことを意味します。したがって、列名や制約はそのまま残りますが、テーブルは空になります。

テーブルを完全に取り除くには、DROP TABLE 文を使ってテーブルを削除します。

5.3.4 制約の表示、追加、変更、削除

制約は、テーブルにどのようなデータを挿入できるかを指定するルールです。さまざまな制約の種類については、前に説明した「5.2.4 制約を持つテーブルの作成」を参照してください。

5.3.4.1 テーブルの制約を表示する

表5-15 のコードは、それぞれの RDBMS で、テーブルの制約を表示する方法を示しています。

表5-15 テーブルの制約を表示するためのコード

RDBMS	コード
MySQL	`SHOW CREATE TABLE my_table;`

Oracle	`SELECT *`
	`FROM user_cons_columns`
	`WHERE table_name = 'MY_TABLE';`

PostgreSQL	`\d my_table`

SQL Server	`-- デフォルトの制約以外の制約を表示する`
	`SELECT table_name,`
	`       constraint_name,`
	`       constraint_type`
	`FROM information_schema.table_constraints`
	`WHERE table_name = 'my_table';`
	
	`-- すべてのデフォルトの制約を表示する`
	`SELECT OBJECT_NAME(parent_object_id),`
	`       COL_NAME(parent_object_id, parent_column_id),`
	`       definition`
	`FROM sys.default_constraints`
	`WHERE OBJECT_NAME(parent_object_id) = 'my_table';`

SQLite	`.schema my_table`

Oracle では、列名を二重引用符で囲んだ場合を除いて、テーブル名と列名は
すべて大文字で保存されます。SQL 文の中でテーブル名や列名を参照する場合
は、（MY_TABLE のように）大文字で記述する必要があります。

5.3.4.2 テーブルに制約を追加する

次の CREATE TABLE 文から始めましょう。

```
CREATE TABLE my_table (
    id INTEGER NOT NULL,
    country VARCHAR(2) DEFAULT 'CA',
    name VARCHAR(15),
    lower_name VARCHAR(15)
);
```

表5-16 のコードは、それぞれの RDBMS で、lower_name 列が name 列の小文字
バージョンであることを保証するための制約を追加します。

表5-16 制約を追加するためのコード

RDBMS	コード

MySQL、
PostgreSQL、
SQL Server
	ALTER TABLE my_table
	    ADD CONSTRAINT chk_lower_name
	    CHECK (lower_name = LOWER(name));

Oracle	ALTER TABLE my_table
	    ADD (CONSTRAINT chk_lower_name
	    CHECK (lower_name = LOWER(name)));

SQLite	「5.3.2.3 テーブルから列を削除する」のコラム「SQLite での手作業による変更」 を参照

5.3.4.3 テーブルの制約を変更する

次の CREATE TABLE 文から始めましょう。

```
CREATE TABLE my_table (
    id INTEGER NOT NULL,
    country VARCHAR(2) DEFAULT 'CA',
    name VARCHAR(15),
    lower_name VARCHAR(15)
);
```

表5-17 のコードは、次の制約を変更します。

- country 列のデフォルト値を、CA から NULL に変更する
- name 列が許可する長さを、15 文字から 30 文字に変更する

表5-17 テーブル内の制約を変更するためのコード

RDBMS	コード

MySQL	```ALTER TABLE my_table```
	``` MODIFY country VARCHAR(2) NULL,```
	``` MODIFY name VARCHAR(30);```

Oracle	```ALTER TABLE my_table MODIFY (```
	``` country DEFAULT NULL,```
	``` name VARCHAR2(30)```
	```);```

PostgreSQL	```ALTER TABLE my_table```
	``` ALTER country DROP DEFAULT,```
	``` ALTER name TYPE VARCHAR(30);```

SQL Server	```ALTER TABLE my_table```
	``` ALTER COLUMN country```
	``` VARCHAR(2) NULL;```
	```ALTER TABLE my_table```
	``` ALTER COLUMN name```
	``` VARCHAR(30) NULL;```

SQLite	「5.3.2.3 テーブルから列を削除する」のコラム「SQLite での手作業による変更」を参照

5.3.4.4 テーブルから制約を削除する

表5-18 のコードは、それぞれの RDBMS で、テーブルから制約を削除する方法を示しています。

表5-18 テーブルから制約を削除するためのコード

RDBMS	コード
MySQL	```ALTER TABLE my_table``` ``` DROP CHECK chk_lower_name;```
Oracle、PostgreSQL、SQL Server	```ALTER TABLE my_table``` ``` DROP CONSTRAINT chk_lower_name;```
SQLite	「5.3.2.3 テーブルから列を削除する」のコラム「SQLite での手作業による変更」を参照

MySQL では、CHECK の部分を、DEFAULT、INDEX（UNIQUE 制約を削除する場合）、PRIMARY KEY、FOREIGN KEY にそれぞれ置き換えることができます。NOT NULL 制約を削除するには、代わりに制約を MODIFY します。

5.3.5　データの列の更新

データの列の値を更新するには、UPDATE .. SET .. を使います。

たとえば、次のようなテーブルがあるとします。

```
SELECT *
FROM my_table;

id  country  name     awards
--- -------- -------- -------
  2 CA       Celine        5
  3 CA       Michael       4
  4 US       Stefani       9
```

このテーブルに、次のような変更を加えたいとしましょう。

```
SELECT LOWER(name)
FROM my_table;

LOWER(name)
------------
celine
michael
stefani
```

次のようにして、データの列の値を更新します。

```
UPDATE my_table
SET name = LOWER(name);

SELECT * FROM my_table;

id  country  name     awards
--- -------- -------- -------
  2 CA       celine        5
  3 CA       michael       4
  4 US       stefani       9
```

5.3.6　データの行の更新

データの行（1 行または複数行）の値を更新するには、UPDATE .. SET .. WHERE

.. を使います。

たとえば、次のようなテーブルがあるとします。

```
SELECT *
FROM my_table;

id  country  name      awards
--- -------- --------- -------
  2 CA       Celine          5
  3 CA       Michael         4
  4 US       Stefani         9
```

このテーブルの特定の行に、次のような変更を加えたいとしましょう。

```
SELECT awards + 1
FROM my_table
WHERE country = 'CA';

awards + 1
-----------
          6
          5
```

次のようにして、複数行のデータの値を更新します。

```
UPDATE my_table
SET awards = awards + 1
WHERE country = 'CA';

SELECT * FROM my_table;

id  country  name      awards
--- -------- --------- -------
  2 CA       Celine          6
  3 CA       Michael         5
  4 US       Stefani         9
```

 データの特定の行を更新する場合、SET 句と一緒に WHERE 句を含めることは、とても重要です。WHERE 句がないと、テーブル全体が更新されてしまいます。

5.3.7　クエリーの結果を用いてデータの行を更新する

手作業で値を入力してテーブルを更新する代わりに、クエリーの結果に基づいて新しい値を設定することができます。

たとえば、次のようなテーブルがあるとします。

```
SELECT * FROM my_table;

id  country  name     awards
--- -------- -------- -------
  2 CA       Celine        5
  3 CA       Michael       4
  4 US       Stefani       9
```

このテーブルの特定の行に、次のような値を設定したいとしましょう。

```
SELECT MIN(awards) FROM my_table;

MIN(awards)
-----------
          4
```

クエリーに基づいて値を更新するには、次のようにします。

```
UPDATE my_table
SET awards = (SELECT MIN(awards) FROM my_table)
WHERE country = 'CA';

SELECT * FROM my_table;

id  country  name     awards
--- -------- -------- -------
  2 CA       Celine        4
  3 CA       Michael       4
  4 US       Stefani       9
```

MySQL では、同じテーブルに対するクエリーを使ってテーブルを更新することはできません。つまり、この例のように UPDATE my_table と FROM my_table を同時に指定することはできません。FROM another_table のように、別のテーブルに対してクエリーを行うようにすれば、この文は実行されます。

この場合のクエリーの結果は、1 個の列と 0 個または 1 個の行を返すものでなければなりません。0 個の行が返された場合、値は NULL に設定されます。

5.3.8 テーブルの削除

テーブルが必要なくなったら、DROP TABLE 文を使って削除することができます。

```
DROP TABLE my_table;
```

MySQL、PostgreSQL、SQL Server、SQLite では、IF EXISTS を追加して、テーブルが存在していない場合のエラーメッセージを避けることができます。

```
DROP TABLE IF EXISTS my_table;
```

 テーブルを削除すると、テーブル内のすべてのデータが失われます。バックアップを作成していないかぎり、元に戻すことはできません。そのテーブルが必要ないと 100% 確信が持てる場合を除いて、このコマンドは実行しないことを勧めます。

5.3.8.1　外部キーで参照されているテーブルの削除

削除したいテーブルを別のテーブルの外部キーが参照している場合は、削除したいテーブルだけでなく、それを参照しているテーブルの外部キー制約も削除する必要があります。

表5-19 のコードは、それぞれの RDBMS で、外部キーによって参照されているテーブルを削除する方法を示しています。

表5-19　外部キーで参照されているテーブルを削除するためのコード

RDBMS	コード
Oracle	`DROP TABLE my_table CASCADE CONSTRAINTS;`
PostgreSQL	`DROP TABLE my_table CASCADE;`
MySQL、SQL Server、SQLite	`CASCADE` キーワードがないので、テーブルを削除する前に、そのテーブルを参照している外部キー制約を手作業で削除する必要がある（「5.3.4.4　テーブルから制約を削除する」を参照）

 何が削除されるかを正確に理解せずに CASCADE を使うことは危険です。先に進むには十分に注意してください。その制約が必要ないと 100% 確信が持てる場合を除いて、このコマンドは実行しないことを勧めます。

5.4　インデックス

たとえば、1,000 万行のデータを含んだテーブルがあると仮定しましょう。この

テーブルから、2021-01-01 に記録されたデータを取得するクエリーを記述します。

```
SELECT *
FROM my_table
WHERE log_date = '2021-01-01';
```

このクエリーの実行には時間がかかります。その理由は、舞台裏で1つ1つの行について、log_date が 2021-01-01 と一致するかどうかがチェックされるからです。つまり、1,000万回のチェックが行われるのです。

これを高速化するために、log_date 列に**インデックス**（index）を作成することができます。これは一度だけ行う作業ですが、これによって将来のすべてのクエリーが恩恵を受けます。

5.4.1　本の索引と SQL のインデックスの比較

SQL のインデックスがどのように機能するかは、比喩を使うと理解しやすいでしょう。**表5-20** は、本書の終わりにある索引（index）と SQL テーブルにおけるインデックスとを比較したものです。

表5-20　本の索引と SQL のインデックスの比較

	本	SQL のテーブル
用語	本には多くの「ページ」がある。それぞれのページには、単語数、説明されるテーマなどの「属性」がある。	テーブルには多くの「行」がある。それぞれの行には、customer_id、log_date などの「列」がある。
シナリオ	あなたは本書を読んでいて、「サブクエリー」というテーマに関するすべてのページを探すことを望んでいる。	あなたはあるテーブルに対してクエリーを行っていて、log_date が 2021-01-01 であるすべての行を探すことを望んでいる。
時間のかかる方法	1ページ目から始めて、本書のすべてのページをめくりながら、「サブクエリー」について触れられているかどうかを調べる。これは非常に時間がかかる。	1行目から始めて、すべての行を読み取りながら、log_date が 2021-01-01 かどうかを調べる。これは非常に時間がかかる。
索引（インデックス）の作成	本書におけるすべてのテーマについて索引が作成されている。索引の中には、それぞれのテーマと、それについて説明しているページ番号が記されている。	テーブル内の log_date 列に対してインデックスを作成する。インデックスの中には、それぞれの log_date の値と、それを含んでいる行番号が記される。
高速な方法	「サブクエリー」に関するページを探すには、索引を開き、「サブクエリー」に言及しているページ番号をすばやく見つけ、それらのページに移動する。	log_date が 2021-01-01 である行を探すために、クエリーはインデックスを使って、その日付を含んでいる行番号をすばやく見つけ、それらの行を返す。

log_date 列にインデックスが作成された my_table に対して同じクエリーを実行すると、

```
SELECT *
FROM my_table
WHERE log_date = '2021-01-01';
```

クエリーははるかに高速に実行されます。なぜなら、テーブル内のそれぞれの行をチェックする代わりに、インデックスを参照して、2021-01-01 という log_date の値を持つすべての行をすばやく取得できるからです。

主キーの列や日付の列など、頻繁に検索するいくつかの列にインデックスを作成しておくことは、よい考えです[3]。
ただし、あまりにも多くの列に対してインデックスを作成してはいけません。多くのスペースを取るうえに、行の追加や削除を行うたびにインデックスが再作成されるので、時間がかかるからです。

5.4.2 インデックスの作成によるクエリーの高速化

次のコードは、my_table テーブルの log_date 列に、my_index というインデックスを作成します。

```
CREATE INDEX my_index ON my_table (log_date);
```

Oracle で、大文字・小文字が混在した列名に対してインデックスを作成する場合は、二重引用符で囲む必要があります。

```
CREATE INDEX my_index ON my_table ("Log_date");
```

Oracle では、テーブルの作成時に、PRIMARY KEY と UNIQUE の列に対して自動的にインデックスが作成されます。

インデックスの作成には時間がかかる場合があります。しかし、これは一度限りの作業であり、将来のクエリーが速くなるので、長い目で見れば実行する価値があります。

複数の列から成るインデックス、すなわち**複合インデックス**（composite index）

---

[3] 訳注：主キーの列には、通常は自動的にインデックスが作成されます。

を作成することもできます。次のコードは、log_date と team の 2 つの列に対して
1 つのインデックスを作成します。

```
CREATE INDEX my_index ON my_table (log_date, team);
```

この場合、列の順序が重要になります。

- 両方の列について検索するクエリーを書く場合は、このインデックスによって
  クエリーが速くなります。
- 最初の列（log_date）について検索するクエリーを書く場合は、このインデックスによってクエリーが速くなります。
- 2 番目の列（team）について検索するクエリーを書く場合は、このインデックスは役に立ちません。なぜなら、このインデックスは、まず log_date の順にデータを並べ、その後で team の順に並べるからです。

 インデックスを作成するには、CREATE 権限が必要です。前のコードの実行時
にエラーが発生する場合は、権限がないことを意味しているので、データベース管理者に相談してください。

5.4.2.1 インデックスの削除

表5-21 のコードは、それぞれの RDBMS で、インデックスを削除する方法を示し
ています。

表5-21 インデックスを削除するためのコード

RDBMS	コード
MySQL、SQL Server	`DROP INDEX my_index ON my_table;`
Oracle、PostgreSQL、SQLite	`DROP INDEX my_index;`

 インデックスの削除は取り消すことができません。インデックスを削除したい
と 100% 確信が持てるようになってから、インデックスを削除してください。
楽観的に考えれば、インデックスを削除してもデータが失われることはありま
せん。テーブル内のデータはそのままなので、いつでもインデックスを再作成

できます。

5.5 ビュー

結合、フィルタリング、集計などを多く含んだ、長くて複雑な SQL クエリーがあると仮定しましょう。このクエリーの結果は読者にとって有益で、後でまた参照したいものだとします。

このような状況では、**ビュー**（view）を作成する、すなわちクエリーの結果に名前を付けることが適しています。クエリーの結果は 1 つのテーブルであることを思い出してください。したがって、ビューはテーブルのように見えます。違いは、ビューはテーブルのようにデータを保持することはなく、単にデータを参照することです。

データベース管理者（DBA）は、テーブルへのアクセスを制限するためにビューを作成する場合があります。たとえば、customer（顧客）テーブルがあると仮定しましょう。多くのユーザーは、このテーブルの読み取りだけが可能で、変更は不可であるべきです。

DBA は、customer テーブルと同じデータを参照できる customer ビューを作成します。すべてのユーザーは customer ビューに対してクエリーを行うことができ、DBA だけが customer テーブル内のデータを編集できます。

次のコードは、何度も書きたくないような、複雑なクエリーです。

```
-- それぞれの所有者が所有する滝の数
SELECT o.id, o.name,
       COUNT(w.id) AS num_waterfalls
FROM owner o LEFT JOIN waterfall w
    ON o.id = w.owner_id
GROUP BY o.id, o.name;

id    name              num_waterfalls
----- ----------------  ---------------
    1 Pictured Rocks                  3
    2 Michigan Nature                 3
    3 AF LLC                          1
    4 MI DNR                          1
    5 Horseshoe Falls                 0
```

たとえば、1 つの所有者が所有する滝の平均数を知りたいとしましょう。これは、サブクエリーまたはビューを使って求めることができます。

```
-- サブクエリーによる方法
SELECT AVG(num_waterfalls) FROM
(SELECT o.id, o.name,
        COUNT(w.id) AS num_waterfalls
FROM owner o LEFT JOIN waterfall w
    ON o.id = w.owner_id
GROUP BY o.id, o.name) my_subquery;

AVG(num_waterfalls)
-------------------
                1.6


-- ビューによる方法
CREATE VIEW owner_waterfalls_vw AS
SELECT o.id, o.name,
        COUNT(w.id) AS num_waterfalls
FROM owner o LEFT JOIN waterfall w
    ON o.id = w.owner_id
GROUP BY o.id, o.name;

SELECT AVG(num_waterfalls)
  FROM owner_waterfalls_vw;

AVG(num_waterfalls)
-------------------
                1.6
```

 ビューを作成するには、CREATE 権限が必要です。前のコードの実行時にエラーが発生する場合は、権限がないことを意味しているので、データベース管理者に相談してください。

サブクエリーかビューか？

サブクエリーもビューも、クエリーの結果を表します。それらに対して、さらにクエリーを行うこともできます。

- サブクエリーは一時的なものです。クエリーの実行中だけ存在し、一度限りの使用に適しています。
- ビューは保存されます。ビューを作成したら、そのビューを参照するクエリーを何度でも書くことができます。

5.5.1 ビューを作成してクエリーの結果を保存する

CREATE VIEW を使って、クエリーの結果をビューとして保存すると、まるでテーブルのように、そのビューに対してクエリーを行うことができます。

次のクエリーを使って、

```
SELECT *
FROM my_table
WHERE country = 'US';

id  country  name
--- -------- ------
  1 US       Anna
  2 US       Emily
  3 US       Molly
```

ビューを作成します。

```
CREATE VIEW my_view AS
SELECT *
FROM my_table
WHERE country = 'US';
```

ビューに対してクエリーを実行します。

```
SELECT * FROM my_view;

id  country  name
--- -------- ------
  1 US       Anna
  2 US       Emily
  3 US       Molly
```

5.5.1.1 既存のビューの表示

表 5-22 のコードは、それぞれの RDBMS で、既存のすべてのビューを表示する方法を示しています。

表 5-22　既存のビューを表示するためのコード

RDBMS	コード
MySQL	SHOW FULL TABLES WHERE table_type = 'VIEW';

表5-22 既存のビューを表示するためのコード（続き）

RDBMS	コード
Oracle	`SELECT view_name` `FROM user_views;`

PostgreSQL	`SELECT table_name`
	`FROM information_schema.views`
	`WHERE table_schema NOT IN`
	`        ('information_schema', 'pg_catalog');`

SQL Server	`SELECT table_name` `FROM information_schema.views;`

SQLite	`SELECT name`
	`FROM sqlite_master`
	`WHERE type = 'view';`

5.5.1.2　ビューの更新

　ビューを更新することは、言い換えると、ビューを上書きすることです。**表5-23**
のコードは、それぞれの RDBMS で、ビューを更新する方法を示しています。

表5-23 ビューを更新するためのコード

RDBMS	コード

MySQL、
Oracle、
PostgreSQL
	`CREATE OR REPLACE VIEW my_view AS`
	`SELECT *`
	`FROM my_table`
	`WHERE country = 'CA';`

SQL Server	`CREATE OR ALTER VIEW my_view AS`
	`SELECT *`
	`FROM my_table`
	`WHERE country = 'CA';`

SQLite	`DROP VIEW IF EXISTS my_view;`
	`CREATE VIEW my_view AS`
	`SELECT * FROM my_table WHERE country = 'CA';`

5.5.1.3　ビューの削除

　ビューが必要なくなったら、DROP VIEW 文を使って削除することができます。

```
DROP VIEW my_view;
```

ビューの削除は取り消すことができません。ビューを削除したいと 100% 確信が持てるようになってから、ビューを削除してください。
楽観的に考えれば、ビューを削除してもデータが失われることはありません。データは元のテーブル内に残っているので、いつでもビューを再作成できます。

5.6　トランザクション管理

トランザクション（transaction）を使うと、より安全にデータベースを更新することができます。トランザクションは、1 つの単位として実行される一連の操作で構成されます。トランザクションの結果は、すべての操作が実行されるか、あるいはまったく操作が実行されないかのどちらかであり、これは**原子性**（atomicity）とも呼ばれます。

次のコードは、テーブルに変更を加える前に、START TRANSACTION 文を使って、トランザクションを開始します。いくつかの文が実行されても、COMMIT 文によってコミットされるまでは、データベースには永続的な変更は加えられません。

```
START TRANSACTION;

INSERT INTO page_views (user_id, page)
    VALUES (525, 'home');
INSERT INTO page_views (user_id, page)
    VALUES (525, 'contact us');
DELETE FROM new_users WHERE user_id = 525;
UPDATE page_views SET page = 'request info'
    WHERE page = 'contact us';

COMMIT;
```

トランザクションを利用すると、なぜ安全なのか？

トランザクションの開始後に、

すべての文は 1 つの単位として扱われる

たとえば、前の例で初めの 3 つの文を実行している間に、誰かがデータベースを編集し、4 つ目の文が実行できない状態になってしまったと仮定しましょう。これは大きな問題です。あなたにとっては、データベースを

適切に更新するためには、4つの文をまとめて実行する必要があるからです。トランザクションは、まさにそのためのものです。トランザクションによって、4つのすべての文が1つの単位として扱われるようになるので、すべての文が実行されるか、または1つも文が実行されないかのどちらかになるのです。

必要であれば、変更を取り消せる

トランザクションを開始した後で、それぞれの文を実行し、それらがどのようにテーブルに影響を及ぼすかを確認できます。すべて問題ないようであれば、COMMIT を使ってトランザクションを終了し、変更を確定できます。もし何か誤りがあって、トランザクションの開始前の状態に戻したければ、ROLLBACK を使って戻すことができます。

　一般に、データベースを更新する場合は、トランザクションを利用するのがよい習慣です。

　ここでは、トランザクションが役に立つ2つのシナリオについて説明します。1つは、COMMIT で終わって変更を確定するもの、もう1つは、ROLLBACK で終わって変更を取り消すものです。

5.6.1　COMMIT の前に変更を再確認する

　テーブルのいくつかの行を削除したいが、それらをテーブルから永続的に取り除く前に、適切な行が削除されるかをチェックしたいと仮定しましょう。

　次のコードは、SQL でトランザクションを使ってそれを行う方法についての段階的なプロセスを示しています。

1. トランザクションを開始する

```
-- MySQL、PostgreSQL
START TRANSACTION;
または
BEGIN;

-- SQL Server、SQLite
BEGIN TRANSACTION;
```

Oracle では、原則として常にトランザクションの中にいます。最初の SQL 文を

実行すると、トランザクションが開始されます。(COMMIT や ROLLBACK によって)トランザクションが終了すると、次の SQL 文が実行されたときに新たなトランザクションが開始されます。

2. 変更しようとしているテーブルを表示する

   この時点でトランザクションモード内にいます。つまり、データベースに永続的な変更は加えられません。

   ```
   SELECT * FROM books;

   +------+--------------+
   | id   | title        |
   +------+--------------+
   |    1 | Becoming     |
   |    2 | Born a Crime |
   |    3 | Bossypants   |
   +------+--------------+
   ```

3. 変更をテストし、テーブルにどのような影響があるかを確認する

   たとえば、複数の語から成る書名(title)をすべて削除したいとしましょう。次の SELECT 文を使うと、テーブル内の複数語の書名をすべて表示できます。

   ```
   SELECT * FROM books WHERE title LIKE '% %';

   +------+--------------+
   | id   | title        |
   +------+--------------+
   |    2 | Born a Crime |
   +------+--------------+
   ```

   次の DELETE 文は、同じ WHERE 句を使って、テーブル内の複数語の書名を削除します。

   ```
   DELETE FROM books WHERE title LIKE '% %';

   SELECT * FROM books;

   +------+--------------+
   | id   | title        |
   +------+--------------+
   |    1 | Becoming     |
   |    3 | Bossypants   |
   +------+--------------+
   ```

   この時点でもトランザクションモード内なので、変更は永続的なものではありま

せん。

4. COMMIT を使って変更を確定する

COMMIT 文を使って、変更を確定します。このステップの後では、もうトランザクションモード内ではありません。

```
COMMIT;
```

 いったんコミットしたら、トランザクションの変更を取り消す（すなわちロールバックする）ことはできません。

5.6.2　ROLLBACK を使って変更を取り消す

トランザクションが特に役立つのは、変更をテストして、必要であればそれを取り消したい場合です。

1. トランザクションを開始する

```
-- MySQL、PostgreSQL
START TRANSACTION;
または
BEGIN;

-- SQL Server、SQLite
BEGIN TRANSACTION;
```

Oracle では、原則として常にトランザクションの中にいます。最初の SQL 文を実行すると、トランザクションが開始されます。（COMMIT や ROLLBACK によって）トランザクションが終了すると、次の SQL 文が実行されたときに新たなトランザクションが開始されます。

2. 変更しようとしているテーブルを表示する

この時点でトランザクションモード内にいます。つまり、データベースに永続的な変更は加えられません。

```
SELECT * FROM books;
```

```
+------+--------------+
| id   | title        |
+------+--------------+
|    1 | Becoming     |
|    2 | Born a Crime |
|    3 | Bossypants   |
+------+--------------+
```

3. 変更をテストし、テーブルにどのような影響があるかを確認する

たとえば、複数の語から成る書名（title）をすべて削除したいとしましょう。次の DELETE 文は、意図とは違い、テーブル内のすべてのデータを削除してしまいます（'%%' の中のスペースを忘れてしまいました）。これは起きてほしくなかったことです！

```
DELETE FROM books WHERE title LIKE '%%';

SELECT * FROM books;
```

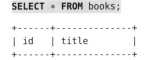

```
+------+--------------+
| id   | title        |
+------+--------------+
```

幸いなことに、この時点ではまだトランザクションモード内にいるので、変更は永続的なものにはなっていません。

4. ROLLBACK を使って変更を取り消す

COMMIT の代わりに ROLLBACK 文を使って、変更をロールバックします。テーブルのデータは削除されません。このステップの後では、もうトランザクションモード内ではなく、続けて他の文を実行することができます。

```
ROLLBACK;
```

6章
データ型

　SQL のテーブルでは、それぞれの列は、1 つのデータ型の値しか含むことができません。この章では、よく使われるデータ型について説明し、それらをどのような場合に、どのように使うべきかについて解説します。

　次の文は 3 つの列を作成し、それぞれの列についてデータ型を指定しています。id 列は整数の値を保持し、name 列は最大で 30 文字の値を保持し、dt 列は日付の値を保持します。

```
CREATE TABLE my_table (
    id INT,
    name VARCHAR(30),
    dt DATE
);
```

　INT、VARCHAR、DATE は、SQL での数多くのデータ型の一部にすぎません。**表6-1** に、データ型の 4 つのカテゴリーと一般的なサブカテゴリーを示します。データ型の構文は RDBMS によって大きく異なるので、この章のそれぞれのセクションで、それらの違いについて詳しく説明します。

表6-1　SQL でのデータ型

数値	文字列	日時	その他
整数（123） 小数（1.23） 浮動小数点数（1.23e10）	文字（'hello'） Unicode（'西瓜'）	日付（'2021-12-01'） 時刻（'2:21:00'） 日時（'2021-12-01 2:21:00'）	ブール（TRUE） バイナリー（画像、ドキュメントなど）

　表6-2 に示したのは、それぞれのデータ型の値の例であり、それらの値が SQL で

どのように表現されるかを示しています。これらの値は、しばしば**リテラル**（literal）または**定数**（constant）と呼ばれます。

表6-2　SQL でのリテラル

カテゴリー	サブカテゴリー	値の例
数値	整数	123
		+123
		-123
	小数	123.45
		+123.45
		-123.45
	浮動小数点数	123.45E+23
		123.45e-23
文字列	文字	'Thank you!'
		'The combo is 39-6-27.'
	Unicode	N'Amélie'
		N'♥♥♥'
日時	日付	'2022-10-15'
		'22-10-15'
	時刻	'10:30:00'
		'10:30:00.123456'
		'10:30:00 -6:00'
	日時	'2022-10-15 10:30:00'
		'22-10-15 10:30:00'
その他	ブール	TRUE
		FALSE
	バイナリー（右の例は値を16進数として示したもの）	X'AB12'
		x'AB12'
		0xAB12

NULL リテラル

　値を持っていないセルは、NULL キーワード（**NULL リテラル**とも呼ばれます）によって表されます。このキーワードの大文字と小文字は区別されません（NULL = Null = null）。

　テーブル内で NULL 値を見かけることがよくありますが、NULL そのものはデータ型ではありません。数値、文字列、日時、その他のどの列も NULL 値を含むことができます。

6.1 データ型の選び方

列のデータ型を決めるときには、ストレージサイズ（記憶領域の大きさ）と柔軟性のバランスを取ることが重要です。

表6-3 は、整数データ型のいくつかの例を示しています。それぞれのデータ型が許容する値の範囲は異なり、必要とするストレージサイズも異なります。

表6-3 整数データ型の例

データ型	許容される値の範囲	ストレージサイズ
INT	$-2,147,483,648 \sim 2,147,483,647$	4 バイト
SMALLINT	$-32,768 \sim 32,767$	2 バイト
TINYINT	$0 \sim 255$	1 バイト

たとえば、1 クラスの生徒数を保持するデータの列を作成すると仮定しましょう。

```
15
25
50
70
100
```

この列は数値データ——より具体的に言うと整数——を保持します。したがって、この列には、**表6-3** に示した 3 つの整数データ型のどれでも割り当てることができます。

INT を選択する理由

記憶領域の問題がなければ、INT は、すべての RDBMS で動作するシンプルで確実な選択肢です。

TINYINT を選択する理由

すべての値が 0 から 255 の間に収まっているので、TINYINT を選択すると、記憶領域の節約になります。

SMALLINT を選択する理由

後で、より多くの生徒数がこの列に挿入される可能性がある場合は、SMALLINT を選択すると、使用する記憶領域を INT より抑えつつ、柔軟性が高くなります。

ここでは、唯一の正解というものはありません。列についての最適なデータ型は、必要な記憶領域の大きさと柔軟性の両方によって決まります。

 すでにテーブルを作成済みで、ある列のデータ型を変更したい場合は、ALTER TABLE 文を使って、その列の制約を変更することで実現できます。詳しくは、「5.3.4.3 テーブルの制約を変更する」を参照してください。

6.2 数値データ

このセクションでは、数値が SQL でどのように表現されるかを理解できるように、まず数値の概略について説明し、その後で整数、小数、浮動小数点数の各データ型について詳しく解説します。

数値データを持つ列は、SUM() や ROUND() などの数値関数への入力として利用できます。これらの関数については、「7.3 数値関数」で解説します。

6.2.1 数値

数値には、整数、小数、浮動小数点数が含まれます。

6.2.1.1 整数

小数点を含まない数値は、整数（integer）として扱われます。+ 記号は省略可能です。

    123   +123   -123

6.2.1.2 小数

小数（decimal number）は小数点を含み、正確な値として保管されます。+ 記号は省略可能です。

    123.45   +123.45   -123.45

6.2.1.3 浮動小数点数

浮動小数点数（floating point number）は、指数表記を使って表されます。

```
123.45E+23    123.45e-23
```

これらの値は、それぞれ 123.45×10^{23} および 123.45×10^{-23} として解釈され
ます。

Oracle では、末尾に F、f、D、d を付けることで、`BINARY_FLOAT` 型の値や
`BINARY_DOUBLE` 型の値を表すことができます。

```
123F    +123f    -123.45D    123.45d
```

6.2.2　整数データ型

次のコードは、整数の列を作成します。

```
CREATE TABLE my_table (
    my_integer_column INT
);

INSERT INTO my_table VALUES
    (25),
    (-525),
    (2500252);

SELECT * FROM my_table;

+-------------------+
| my_integer_column |
+-------------------+
|                25 |
|              -525 |
|           2500252 |
+-------------------+
```

表6-4 は、それぞれの RDBMS での整数データ型の選択肢を示しています。

表6-4　整数データ型

RDBMS	データ型	許容される値の範囲	ストレージサイズ
MySQL	TINYINT	$-128\sim127$ $0\sim255$（符号なし）	1バイト
	SMALLINT	$-32,768\sim32,767$ $0\sim65,535$（符号なし）	2バイト
	MEDIUMINT	$-8,388,608\sim8,388,607$ $0\sim16,777,215$（符号なし）	3バイト
	INT または INTEGER	$-2,147,483,648\sim2,147,483,647$ $0\sim4,294,967,295$（符号なし）	4バイト
	BIGINT	$-2^{63}\sim2^{63}-1$ $0\sim2^{64}-1$（符号なし）	8バイト
Oracle	NUMBER	$-10^{125}\sim10^{125}-1$	1〜22バイト
PostgreSQL	SMALLINT	$-32,768\sim32,767$	2バイト
	INT または INTEGER	$-2,147,483,648\sim2,147,483,647$	4バイト
	BIGINT	$-2^{63}\sim2^{63}-1$	8バイト
SQL Server	TINYINT	$0\sim255$	1バイト
	SMALLINT	$-32,768\sim32,767$	2バイト
	INT または INTEGER	$-2,147,483,648\sim2,147,483,647$	4バイト
	BIGINT	$-2^{63}\sim2^{63}-1$	8バイト
SQLite	INTEGER	$-2^{63}\sim2^{63}-1$ （これより大きい場合は、REAL 型に切り替わる）	1、2、3、4、6、8バイト

MySQL では、符号付きの範囲（正の整数と負の整数）と符号なしの範囲（正の整数のみ）の両方が可能です。デフォルトは、符号付きの範囲です。符号なしの範囲を指定するには、次のようにします。

```
CREATE TABLE my_table (
    my_integer_column INT UNSIGNED
);
```

　PostgreSQL には、（1、2、3 のように）自動的にインクリメントされる整数を列内に作成する SERIAL データ型があります。**表6-5** に、それぞれ異なる範囲を持つ、SERIAL の選択肢を示します。

表6-5　PostgreSQL での SERIAL の選択肢

データ型	生成される値の範囲	ストレージサイズ
SMALLSERIAL	$1\sim32,767$	2バイト

表6-5 PostgreSQL での SERIAL の選択肢（続き）

データ型	生成される値の範囲	ストレージサイズ
SERIAL	1~2,147,483,647	4 バイト
BIGSERIAL	1~9,223,372,036,854,775,807	8 バイト

6.2.3 小数データ型

小数データは、**固定小数点数**（fixed point number）とも呼ばれます。これは小数点を含み、正確な値として保管されます。米国では（799.95 ドルのような）金銭的なデータは、たいてい小数として保管されます。

次のコードは、小数の列を作成します。

```
CREATE TABLE my_table (
    my_decimal_column DECIMAL(5,2)
);

INSERT INTO my_table VALUES
    (123.45),
    (-123),
    (12.3);

SELECT * FROM my_table;

+-------------------+
| my_decimal_column |
+-------------------+
|            123.45 |
|           -123.00 |
|             12.30 |
+-------------------+
```

DECIMAL(5,2) というデータ型を定義する場合、

- 5 は、保管される値の全桁数です。これは**精度**（precision）と呼ばれます。
- 2 は、小数点の右側の桁数です。これは**位取り**（scale）と呼ばれます。

表6-6 は、それぞれの RDBMS での小数データ型の選択肢を示しています。

表6-6 小数データ型

RDBMS	データ型	許容される最大桁数	デフォルト
MySQL	DECIMAL または NUMERIC	全桁数：65 小数点以下：30	DECIMAL(10,0)

表6-6 小数データ型（続き）

RDBMS	データ型	許容される最大桁数	デフォルト
Oracle	NUMBER	全桁数：38 小数点以下：−84〜127（マイナスは 小数点の前の桁数を意味する）	小数点以下 0 桁
PostgreSQL	DECIMAL または NUMERIC	小数点の前：131,072 小数点以下：16,383	DECIMAL(30,6)
SQL Server	DECIMAL または NUMERIC	全桁数：38 小数点以下：38	DECIMAL(18,0)
SQLite	NUMERIC	指定なし[†1]	デフォルトなし

6.2.4 浮動小数点データ型

浮動小数点数は、コンピューターサイエンスでの概念です。ある数値の桁数が（小数点の前でも後でも）非常に多い場合、浮動小数点数は、スペースを節約するために、すべての桁を保管する代わりに、限られた数の桁だけを保管します。

* 数値―― 1234.56789
* 浮動小数点表記―― 1.23 x 10^3

小数点がいくつか左に「浮動」し、正確な元の値（1234.56789）の代わりに、近似値（1.23）が保管されます。

浮動小数点データ型には、次の 2 つの種類があります。

単精度（single precision）
　　数値は少なくとも 6 桁で表され、およそ 1E-38 から 1E+38 までの数値を保管します。

倍精度（double precision）
　　数値は少なくとも 15 桁で表され、およそ 1E-308 から 1E+308 までの数値を保管します。

次のコードは、単精度（FLOAT）と倍精度（DOUBLE）の両方の浮動小数点数の列を作成します。

---

†1　訳注：「指定なし」とは、桁数などのデータ長を指定する必要がないことを意味します。以降の表についても同様です。

```
CREATE TABLE my_table (
  my_float_column FLOAT,
  my_double_column DOUBLE
);

INSERT INTO my_table VALUES
  (123.45, 123.45),
  (-12345.6789, -12345.6789),
  (1234567.890123456789, 1234567.890123456789);

SELECT * FROM my_table;

+-----------------+--------------------+
| my_float_column | my_double_column   |
+-----------------+--------------------+
|          123.45 |             123.45 |
|        -12345.7 |        -12345.6789 |
|         1234570 | 1234567.8901234567 |
+-----------------+--------------------+
```

 浮動小数点データは近似値を保持するので、比較や計算を行うと、期待したものとのずれが生じる場合があります。

小数の桁数が常に同じである場合は、浮動小数点データ型の代わりに、DECIMAL などの固定小数点データ型を使って、正確な値を保持するほうがよいでしょう。

表6-7 は、それぞれの RDBMS での浮動小数点データ型の選択肢を示しています。

表6-7 浮動小数点データ型

RDBMS	データ型	指定可能な範囲	ストレージサイズ
MySQL	FLOAT	0～23 ビット	4 バイト
	FLOAT	24～53 ビット	8 バイト
	DOUBLE	0～53 ビット	8 バイト
Oracle	BINARY_FLOAT	指定なし	4 バイト
	BINARY_DOUBLE	指定なし	8 バイト
PostgreSQL	REAL	指定なし	4 バイト
	DOUBLE PRECISION	指定なし	8 バイト
SQL Server	REAL	指定なし	4 バイト
	FLOAT	1～24 ビット	4 バイト
	FLOAT	25～53 ビット	8 バイト
SQLite	REAL	指定なし	8 バイト

　MySQL と SQL Server ではビット数を指定することもできますが、それによってストレージサイズが決まるだけなので、移植性を重視する場合は指定しないほうがよ

いでしょう。指定しない場合、MySQL の `FLOAT` は 4 バイト、`DOUBLE` は 8 バイトになり、SQL Server の `FLOAT` は 8 バイトになります。

 Oracle の `FLOAT` データ型は、浮動小数点数ではありません。`FLOAT` は、小数である `NUMBER` と同じです。浮動小数点データ型については、`FLOAT` の代わりに、`BINARY_FLOAT` または `BINARY_DOUBLE` を使います。

6.2.4.1　ビットとバイトと数値

1 **ビット**（bit）は記憶領域の最小単位であり、0 または 1 の値を持つことができます。

1 **バイト**（byte）は 8 ビットで構成されます（例：`10101010`）。

それぞれの数値は、バイトによって表されます。7 という数値は、バイト形式では `00000111` になります。

6.3　文字列データ

このセクションでは、文字列値が SQL でどのように表現されるかを理解できるように、まず文字列値の概略について説明し、その後で文字データ型と Unicode データ型について詳しく解説します。

文字列データを持つ列は、`LENGTH` や `REGEXP`（正規表現）などの文字列関数への入力として利用できます。これらの関数については、「7.4　文字列関数」で解説します。

6.3.1　文字列値

文字列値とは、アルファベット、数字、特殊文字などの一連の文字のことです。

6.3.1.1　文字列の基礎

標準では、文字列値を単一引用符で囲みます。

```
'This is a string.'
```

文字列内に単一引用符を埋め込む必要がある場合は、次のように、隣接する 2 つの単一引用符を使います。

```
'You''re welcome.'
```

　SQL は、この隣接する 2 つの単一引用符を文字列内の単一引用符として扱い、次の結果を返します。

```
'You're welcome.'
```

ベストプラクティスとして、単一引用符（`''`）は文字列値を囲むために使い、二重引用符（`""`）は識別子（テーブル名や列名など）を囲むために使います。

6.3.1.2　単一引用符の代替手段

　テキスト内に多くの単一引用符が含まれる場合、Oracle と PostgreSQL では、別の文字を使って文字列を表現できます。

　Oracle では、Q または q に続く単一引用符の後に、任意の文字を使って文字列を囲み、単一引用符で終えることができます。文字列を囲む文字は、開始文字が [、{、<、(のいずれかであれば、終了文字はそれぞれ]、}、>、) でなければなりません。それ以外の文字の場合は、開始文字と終了文字が同じでなければなりません。

```
Q'[You're welcome.]'
q'[You're welcome.]'
Q'|You're welcome.|'
```

　PostgreSQL では、2 つのドル記号（`$$`）とタグ名（省略可能）を使って、テキストを囲むことができます。

```
$$You're welcome.$$
$mytag$You're welcome.$mytag$
```

6.3.1.3　エスケープシーケンス

　MySQL と PostgreSQL は、**エスケープシーケンス**（escape sequence）[†2]、すなわち特別な意味を持つテキストの並びをサポートしています。**表6-8** に、よく使われるエスケープシーケンスを示します。

---

†2　訳注：「エスケープ文字列」とも呼ばれます。

表6-8　よく使われるエスケープシーケンス

エスケープシーケンス	説明
\ '	単一引用符
\t	タブ
\n	改行
\r	キャリッジリターン（復帰）
\b	バックスペース
\\	バックスラッシュ

　MySQL では、\ 文字を使って、文字列内にエスケープシーケンスを含めることができます。

```
SELECT 'hello', 'he\'llo', '\thello';

+-------+--------+------------+
| hello | he'llo |      hello |
+-------+--------+------------+
```

　PostgreSQL では、文字列全体の前に E または e を置くことで、文字列内にエスケープシーケンスを含めることができます（**表6-8** のすべてのエスケープシーケンスが使えるわけではありません）。

```
SELECT 'hello', E'he\\llo', e'\thello';

----------+----------+---------------
  hello   | he\llo   |         hello
```

　エスケープシーケンスは、単一引用符で囲まれた文字列だけに適用されます。ドル記号で囲まれた文字列には適用されません。

6.3.2　文字データ型

　文字列値を保持するための最も一般的な方法は、文字データ型を使うことです。次のコードは、最大で 50 文字を許可する可変長文字列の列を作成します。

```
CREATE TABLE my_table (
    my_character_column VARCHAR(50)
);

INSERT INTO my_table VALUES
    ('Here is some text.'),
    ('And some numbers - 1 2 3 4 5'),
```

```
    ('And some punctuation! :)');

SELECT * FROM my_table;

+------------------------------+
| my_character_column          |
+------------------------------+
| Here is some text.           |
| And some numbers - 1 2 3 4 5 |
| And some punctuation! :)      |
+------------------------------+
```

文字データ型には、主に3つの種類があります。

VARCHAR（可変長文字列）

　最もよく使われる文字データ型です。データ型が VARCHAR(50) であれば、その列は最大で50文字を受け入れます。つまり、文字列の長さは変化します。

CHAR（固定長文字列）

　データ型が CHAR(5) であれば、その列の値は必ず5つの文字を持ちます。つまり、文字列の長さは固定です。所定の長さになるように、データの右側はスペースで埋められます。たとえば、'hi' という文字列は、'hi   ' として保管されます。

TEXT（テキスト）

　VARCHAR や CHAR と違って、TEXT では文字列の長さを指定する必要はありません。この型は、いくつかの段落から成るテキストのような、長い文字列を保管するために役立ちます。

表6-9 は、それぞれの RDBMS での文字データ型の選択肢を示しています。

表6-9　文字データ型

RDBMS	データ型	データ長の指定範囲	デフォルト	ストレージサイズ（最大）
MySQL	CHAR	0〜255 文字	CHAR(1)	指定により異なる
	VARCHAR	0〜65,535 文字	指定必須	指定により異なる
	TINYTEXT	指定なし	指定なし	255 バイト
	TEXT	指定なし	指定なし	65,535 バイト
	MEDIUMTEXT	指定なし	指定なし	16,777,215 バイト
	LONGTEXT	指定なし	指定なし	4,294,967,295 バイト

表6-9 文字データ型（続き）

RDBMS	データ型	データ長の指定範囲	デフォルト	ストレージサイズ（最大）
Oracle	CHAR	1〜2,000 バイト	CHAR(1)	指定により異なる
	VARCHAR2	1〜4,000 バイト	指定必須	指定により異なる
	LONG	指定なし	指定なし	2GB
PostgreSQL	CHAR	1〜10,485,760 文字	CHAR(1)	指定により異なる
	VARCHAR	1〜10,485,760 文字	指定必須	指定により異なる
	TEXT	指定なし	指定なし	1GB
SQL Server	CHAR	1〜8,000 バイト	指定必須	指定により異なる
	VARCHAR	1〜8,000 バイト、または max	指定必須	指定により異なる、または 2GB
	TEXT	指定なし	指定なし	2,147,483,647 バイト
SQLite	TEXT	指定なし	指定なし	2GB

> Oracle では通常、VARCHAR の代わりに VARCHAR2 が使われます。それらは機能に関しては同じですが、VARCHAR は将来変更される可能性があるので、VARCHAR2 を使うほうが安全です。

6.3.3　Unicode データ型

　米国では多くの場合、文字データ型は ASCII（アスキー）データとして保管されますが、より多くの種類の文字が必要な場合のために **Unicode**（ユニコード）データ型が用意されています。これを使うと、世界各国の文字や絵文字などをデータベースに保管することができます。

　日本では長らく、文字データ型のエンコード方法として、Shift_JIS（シフト JIS）や EUC-JP（日本語 EUC）が使われてきました。これらのデータベースでは、文字データ型（CHAR や VARCHAR）の列に、日本語データを Shift_JIS や EUC-JP のデータとして格納することができます。

　近年では、文字データ型のデフォルトのエンコード方法として UTF-8（Unicode）を使用する RDBMS が増えてきました。MySQL、Oracle、PostgreSQL、SQLite などがこれに当たります。これらの RDBMS では、通常の文字データ型（CHAR や VARCHAR）の列に Unicode データを格納できるので、特に Unicode データ型を使う必要はありません。

　しかし、SQL Server のようにデフォルトで Shift_JIS コードを使用する RDBMS や、何らかの事情で Shift_JIS や EUC-JP を引き続き使用しなければならないケースもあります。それらのデータベースで、より多くの種類の文字が必要な場合には、

Unicode データ型を使います。

表6-10 は、それぞれの RDBMS での Unicode データ型の選択肢を示しています。

表6-10 Unicode データ型

RDBMS	データ型	説明
MySQL	NCHAR	CHAR と同様だが、Unicode データ用
	NVARCHAR	VARCHAR と同様だが、Unicode データ用
Oracle	NCHAR	CHAR と同様だが、Unicode データ用
	NVARCHAR2	VARCHAR2 と同様だが、Unicode データ用
PostgreSQL	CHAR	CHAR は Unicode データをサポートしている
	VARCHAR	VARCHAR は Unicode データをサポートしている
SQL Server	NCHAR	CHAR と同様だが、Unicode データ用
	NVARCHAR	VARCHAR と同様だが、Unicode データ用
SQLite	TEXT	TEXT は Unicode データをサポートしている

ASCII エンコードと Unicode エンコード

データを**エンコード**[3] (encode) する方法、すなわちコンピューターが理解できるようにデータを 0 と 1 に変換する方法には、さまざまな種類があります。米国でよく用いられてきたのが、**ASCII** (American Standard Code for Information Interchange) と呼ばれるエンコード方法です。

ASCII エンコードでは、1 つの文字が 8 個の 0 と 1 の並びに変換されます。たとえば「!」という文字は、00100001 に変換されます。この 8 個の 0 と 1 の並び（8 個のビット）は、1 バイトのデータと呼ばれます。1 バイトでは $2^8 = 256$ 個の文字を扱うことができますが、ASCII エンコードでは、実際には最上位のビットは使わずに残りの 7 ビットで文字を表現するので、$2^7 = 128$ 個の文字を扱うことができます。

ASCII 以外にも多くのエンコード方法がありますが、現在最も多く使われているのが、**UTF-8** (Unicode Transformation Format-8) です。正確に言うと、UTF-8 は Unicode のエンコード方法の 1 つであり、ほかにも UTF-16 や UTF-32 などがあります。理論上、Unicode では約 111 万個の文字を扱うことができます。Unicode には、次のような特徴があります。

[3]　訳注：「符号化」とも呼ばれます。

- 最初の 2^7 個の文字は ASCII と同じです（! = 00100001）。
- それ以外の文字には、日本語を含む世界各国の文字、数学記号、絵文字などが含まれています。
- まだすべての文字に値が割り当てられているわけではありません。

次のコードは、VARCHAR データ型と NVARCHAR データ型（Unicode）の違いを示しています。

```
CREATE TABLE my_table (
    varchar_text VARCHAR(20),
    unicode_text NVARCHAR(20)
);

INSERT INTO my_table VALUES
    ('あいう', 'あいう'),
    (N'你好', N'你好'),
    (N'♥♥♥', N'♥♥♥'),
    ('♥♥♥', '♥♥♥');

SELECT * FROM my_table;

-- 文字データ型が Shift_JIS の RDBMS の場合
+--------------+--------------+
| varchar_text | unicode_text |
+--------------+--------------+
| あいう        | あいう        |
| ?好          | 你好          |
| ???          | ♥♥♥          |
| ???          | ???          |
+--------------+--------------+

-- 文字データ型が UTF-8 の RDBMS の場合
+--------------+--------------+
| varchar_text | unicode_text |
+--------------+--------------+
| あいう        | あいう        |
| 你好          | 你好          |
| ♥♥♥          | ♥♥♥          |
| ♥♥♥          | ♥♥♥          |
+--------------+--------------+
```

引用符（'）の前に接頭辞の N を付けると、その文字列値が Unicode データであることを表します。NVARCHAR の列に Unicode データを挿入する場合は、N を指定

します。

テキストファイルから NVARCHAR 列に Unicode データを挿入する場合は、テキストファイル内の Unicode 値に N を付ける必要はありません。

　最初に示した実行結果は、文字データ型が Shift_JIS の RDBMS でのものです。この場合、VARCHAR の列は Shift_JIS の文字データを保管するので、Unicode データは正しく挿入されません。「你好」の「你」や「♥」は、Unicode だけに存在し、Shift_JIS には存在しない文字なので、挿入できないのです。NVARCHAR の列にはUnicode データを挿入できますが、最後の行のように、接頭辞の N を付けないとUnicode データとして扱われないので、Unicode だけに存在する文字を正しく挿入することはできません。

　2 番目に示した実行結果は、文字データ型が UTF-8 の RDBMS でのものです。この場合、VARCHAR の列は UTF-8 の文字データを保管するので、Unicode データが正しく挿入されます。NVARCHAR の列にも、Unicode データが正しく挿入されます。

　NVARCHAR の列には、RDBMS や設定によって、UTF-8 または UTF-16 としてUnicode データが格納されます。

　なお、PostgreSQL と SQLite では、NCHAR 型や NVARCHAR 型がないので、通常の文字データ型（CHAR、VARCHAR、TEXT）をそのまま使います。引用符の前に N を付ける必要もありません。

Windows のコマンドプロンプトで Unicode データを正しく表示するには、CHCP 65001 を実行して、エンコードを UTF-8 に設定する必要があります。
さらに、Oracle では、環境変数の NLS_LANG を JAPANESE_JAPAN.AL32UTF8 に設定します。PostgreSQL では、起動後に \encoding UTF8 を実行して、エンコードを UTF-8 に設定します（現在のエンコードを確認するには、単に \encoding を実行します）。
SQLite は、Windows 環境でも問題なく実行できます。

6.4 日時データ

このセクションでは、日時の値が SQL でどのように表現されるかを理解できるように、まずそれらの概略について説明し、その後で、それぞれの RDBMS での日時データ型について詳しく解説します。

日時データを持つ列は、DATEDIFF() や EXTRACT() などの日時関数への入力として利用できます。これらの関数については、「7.5 日時関数」で解説します。

6.4.1 日時値

日時の値は、日付、時刻、日時（日付および時刻）という形式で使用できます。

6.4.1.1 日付

日付の列は、**YYYY-MM-DD** というフォーマットで日付の値を持ちます[†4]。
2022 年 10 月 15 日は、次のように記述します。

```
'2022-10-15'
```

クエリー内で日付値を参照するときには、それが日付であることを SQL に伝えるために、**表6-11** に示すように、DATE または CAST というキーワードを文字列の前に付けます。

表6-11 クエリー内での日付の参照

RDBMS	コード
MySQL	SELECT DATE '2021-02-25'; SELECT DATE('2021-02-25'); SELECT CAST('2021-02-25' AS DATE);
Oracle	SELECT DATE '2021-02-25' FROM dual; SELECT CAST('2021-02-25' AS DATE) FROM dual;
PostgreSQL	SELECT DATE '2021-02-25'; SELECT DATE('2021-02-25'); SELECT CAST('2021-02-25' AS DATE);
SQL Server	SELECT CAST('2021-02-25' AS DATE);
SQLite	SELECT DATE('2021-02-25');

[†4] 訳注：Oracle での日付と時刻のデフォルトフォーマットは、地域の設定によって異なります。本書では、日本（環境変数 NLS_LANG を JAPANESE_JAPAN.AL32UTF8）に設定した場合の動作を記載しています。

Oracle では、**SELECT** 句だけを含むクエリーを使って、計算やシステム変数
の参照を行う場合、クエリーの最後に **FROM** dual を追加する必要があります。
dual は、1 つの値を保持しているダミーのテーブルです。

```
SELECT DATE '2021-02-25' FROM dual;
SELECT CURRENT_DATE FROM dual;
```

　ある列が、**MM/DD/YY** のように異なるフォーマットの日付を含んでいる場合は、文
字列から日付への変換関数を適用して、それが日付であることを SQL に認識させる
ことができます。

6.4.1.2　時刻

　時刻の列は、**hh:mm:ss** というフォーマットで時刻の値を持ちます。たとえば、午
前 10:30 は次のように記述します。

```
'10:30:00'
```

　より細かい秒数を、最大で小数第 6 位まで指定することができます。

```
'10:30:12.345678'
```

　また、多くの RDBMS ではタイムゾーンを追加することもできます。米国の中部
標準時（CST：Central Standard Time）は、**UTC-06:00** として知られています。
これは、**UTC** より 6 時間遅いことを意味し、**UTC** は協定世界時を表します。ちなみ
に、日本標準時は **UTC+09:00** です。

```
'10:30:12.345678 -06:00'
```

　クエリー内で時刻値を参照するときには、それが時刻であることを SQL に伝える
ために、**表6-12** に示すように、**TIME** または **CAST** というキーワードを文字列の前に
付けます。

表6-12　クエリー内での時刻の参照

RDBMS	コード
MySQL	SELECT TIME '10:30'; SELECT TIME('10:30'); SELECT CAST('10:30' AS TIME);

表6-12　クエリー内での時刻の参照（続き）

RDBMS	コード
Oracle	`SELECT TIME '10:30:00' FROM dual;`
	`SELECT CAST('10:30' AS TIME) FROM dual;`
PostgreSQL	`SELECT TIME '10:30';`
	`SELECT CAST('10:30' AS TIME);`
SQL Server	`SELECT CAST('10:30' AS TIME);`
SQLite	`SELECT TIME('10:30');`

Oracle では、`TIME` キーワードの後の時刻フォーマットは、秒を含んでいなければなりません。

　ある列が、`mmss` のように異なるフォーマットの時刻を含んでいる場合は、文字列から時刻への変換関数を適用して、それが時刻であることを SQL に認識させることができます。

6.4.1.3　日時

　日時（日付および時刻）の列は、**YYYY-MM-DD hh:mm:ss** というフォーマットで日時の値を持ちます。

　2022 年 10 月 15 日の午前 10:30 は、次のように記述します。

```
'2022-10-15 10:30'
```

　クエリー内で日時値を参照するときには、それが日時であることを SQL に伝えるために、**表6-13** に示すように、DATETIME、TIMESTAMP、CAST のいずれかのキーワードを文字列の前に付けます。

表6-13　クエリー内での日時の参照

RDBMS	コード
MySQL	`SELECT TIMESTAMP '2021-02-25 10:30';`
	`SELECT TIMESTAMP('2021-02-25 10:30');`
	`SELECT CAST('2021-02-25 10:30' AS DATETIME);`
Oracle	`SELECT TIMESTAMP '2021-02-25 10:30:00' FROM dual;`
	`SELECT CAST('2021-02-25 10:30' AS TIMESTAMP) FROM dual;`

表6-13 クエリー内での日時の参照（続き）

RDBMS	コード
PostgreSQL	`SELECT TIMESTAMP '2021-02-25 10:30';`
	`SELECT CAST('2021-02-25 10:30' AS TIMESTAMP);`
SQL Server	`SELECT CAST('2021-02-25 10:30' AS DATETIME);`
SQLite	`SELECT DATETIME('2021-02-25 10:30');`

MySQL では、キーワードは `TIMESTAMP` ですが、`CAST` 関数内でのデータ型は
`DATETIME` です。
Oracle では、`TIMESTAMP` キーワードの後の時刻フォーマットは秒を含んでい
なければなりませんが、`CAST` 関数内では秒はなくても構いません。

ある列が、**MM/DD/YY mm:ss** のように異なるフォーマットの日時を含んでいる場
合は、文字列から日付または文字列から時刻への変換関数を適用して、それが日時で
あることを SQL に認識させることができます。

6.4.2 日時データ型

日時の値を保管する方法はいろいろあります。データ型は RDBMS によって大き
く異なるので、このセクションでは、それぞれの RDBMS について個別のサブセク
ションを設けて説明します。

6.4.2.1 MySQL の日時データ型

次のコードは、5 種類の日時の列を作成します。

```
CREATE TABLE my_table (
    dt DATE,
    tm TIME,
    dttm DATETIME,
    ts TIMESTAMP DEFAULT CURRENT_TIMESTAMP,
    yr YEAR
);

INSERT INTO my_table (dt, tm, dttm, yr)
    VALUES ('21-7-4', '6:30',
            '2021-12-25 7:00:01', 2021);
```

```
+------------+----------+---------------------+
| dt         | tm       | dttm                |
+------------+----------+---------------------+
| 2021-07-04 | 06:30:00 | 2021-12-25 07:00:01 |
+------------+----------+---------------------+


+---------------------+------+
| ts                  | yr   |
+---------------------+------+
| 2021-01-29 12:56:20 | 2021 |
+---------------------+------+
```

表6-14 は、MySQL でよく使われる日時データ型の選択肢を示しています。

表6-14　MySQL の日時データ型

データ型	フォーマット	範囲
DATE	YYYY-MM-DD	1000-01-01〜9999-12-31
TIME	hh:mm:ss	−838：59：59〜838:59:59
DATETIME	YYYY-MM-DD hh:mm:ss	1000-01-01 00:00:00〜9999-12-31 23:59:59
TIMESTAMP	YYYY-MM-DD hh:mm:ss	1970-01-01 00:00:01 UTC〜 2038-01-19 03:14:07 UTC
YEAR	YYYY	0000〜9999

DATETIME と TIMESTAMP は、どちらも日付と時刻を保持します。それらの違いは、DATETIME にはタイムゾーンが結びつけられていないことと、TIMESTAMP は Unix 時間の値を保持し、レコードがいつ作成または更新されたかを記録するためによく使われることです。

6.4.2.2　Oracle の日時データ型

次のコードは、4 種類の日時の列を作成します。

```
CREATE TABLE my_table (
    dt DATE,
    ts TIMESTAMP,
    ts_tz TIMESTAMP WITH TIME ZONE,
    ts_lc TIMESTAMP WITH LOCAL TIME ZONE
);

INSERT INTO my_table VALUES (
    '2021-07-04', '2021-07-04 6:30',
    '2021-07-04 6:30:45 CST', '2021-07-04 6:30'
);
```

```
DT          TS
----------- ----------------------------
21-07-04    21-07-04 06:30:00.000000

TS_TZ
-------------------------------
21-07-04 06:30:45.000000 CST

TS_LC
---------------------------
21-07-04 06:30:00.000000
```

表6-15 は、Oracle でよく使われる日時データ型の選択肢を示しています。

表6-15 Oracle の日時データ型

データ型	説明
DATE	日付と時刻を保持できる。ただし、NLS_DATE_FORMAT を変更しないと、デフォルトでは時刻は表示されない
TIMESTAMP	DATE と同様に日付と時刻を保持できるが、秒の小数部が追加される（デフォルトでは小数点以下 6 桁だが、最大で 9 桁まで可能）
TIMESTAMP WITH TIME ZONE	TIMESTAMP と同様だが、タイムゾーンが追加される
TIMESTAMP WITH LOCAL TIME ZONE	TIMESTAMP WITH TIME ZONE と同様だが、ユーザーのローカルタイムゾーンに基づいて調整される

6.4.2.3　Oracle での日時フォーマットの確認

次のコードは、DATE と TIMESTAMP の現在のフォーマットを確認します。

```
SELECT value
FROM nls_session_parameters
WHERE parameter in ('NLS_DATE_FORMAT',
                    'NLS_TIMESTAMP_FORMAT');

VALUE
------------------------
RR-MM-DD
RR-MM-DD HH24:MI:SSXFF
```

RR は 2 桁の年を表します。HH24 は 24 時間制の時間を、X は小数点を、FF は秒の小数部をそれぞれ表します。

DATE または TIMESTAMP のフォーマットを変更するには、NLS_DATE_FORMAT または NLS_TIMESTAMP_FORMAT のパラメーターを変更します。

次のコードは、現在の NLS_DATE_FORMAT を、時刻も含めるように変更します。

```
ALTER SESSION
SET NLS_DATE_FORMAT = 'YYYY-MM-DD HH:MI:SS';
```

日付と時刻に関してよく使われるその他の記号（年を表す YYYY や時間を表す HH など）については、**表7-27** を参照してください。

6.4.2.4　PostgreSQL の日時データ型

次のコードは、5種類の日時の列を作成します（タイムゾーンの設定が Asia/Tokyo であるとします）。

```
CREATE TABLE my_table (
   dt DATE,
   tm TIME,
   tm_tz TIME WITH TIME ZONE,
   ts TIMESTAMP,
   ts_tz TIMESTAMP WITH TIME ZONE
);

INSERT INTO my_table VALUES (
   '2021-7-4', '6:30', '6:30 CST',
   '2021-12-25 7:00:01', '2021-12-25 7:00:01 CST'
);

    dt     |    tm    |   tm_tz   |
-----------+----------+-----------+
 2021-07-04 | 06:30:00 | 06:30:00-06 |

        ts           |         ts_tz
--------------------+------------------------
 2021-12-25 07:00:01 | 2021-12-25 22:00:01+09
```

表6-16 は、PostgreSQL でよく使われる日時データ型の選択肢を示しています。

表6-16　PostgreSQL の日時データ型

データ型	フォーマット	範囲
DATE	YYYY-MM-DD	4713 BC〜5874897 AD
TIME	hh:mm:ss	00:00:00〜24:00:00
TIME WITH TIME ZONE	hh:mm:ss+tz	00:00:00+1459〜24:00:00-1459
TIMESTAMP	YYYY-MM-DD hh:mm:ss	4713 BC〜294276 AD
TIMESTAMP WITH TIME ZONE	YYYY-MM-DD hh:mm:ss+tz	4713 BC〜294276 AD

6.4.2.5 SQL Server の日時データ型

次のコードは、6 種類の日時の列を作成します。

```
CREATE TABLE my_table (
    dt DATE,
    tm TIME,
    dttm_sm SMALLDATETIME,
    dttm DATETIME,
    dttm2 DATETIME2,
    dttm_off DATETIMEOFFSET
);

INSERT INTO my_table VALUES (
    '2021-7-4', '6:30', '2021-12-25 7:00:01',
    '2021-12-25 7:00:01', '2021-12-25 7:00:01',
    '2021-12-25 7:00:01-06:00'
);

dt              tm
-------------   ---------------------
2021-07-04      06:30:00.00000000

dttm_sm
-----------------------
2021-12-25 07:00:00

dttm
---------------------------
2021-12-25 07:00:01.000

dttm2
-------------------------------
2021-12-25 07:00:01.0000000

dttm_off
--------------------------------------
2021-12-25 07:00:01.0000000 -06:00
```

表6-17 は、SQL Server でよく使われる日時データ型の選択肢を示しています。

表6-17 SQL Server の日時データ型

データ型	フォーマット	範囲
DATE	YYYY-MM-DD	0001-01-01～9999-12-31
TIME	hh:mm:ss	00:00:00.0000000～ 23:59:59.9999999

表6-17　SQL Server の日時データ型（続き）

データ型	フォーマット	範囲
SMALLDATETIME	YYYY-MM-DD hh:mm:ss	日付：1900-01-01～2079-06-06 時刻：0:00:00～23:59:59 [†5]
DATETIME	YYYY-MM-DD hh:mm:ss	日付：1753-01-01～9999-12-31 時刻：00:00:00～23:59:59.999 [†6]
DATETIME2	YYYY-MM-DD hh:mm:ss	日付：0001-01-01～9999-12-31 時刻：00:00:00～23:59:59.9999999
DATETIMEOFFSET	YYYY-MM-DD hh:mm:ss +hh:mm	タイムゾーンのオフセット範囲は、−14：00 から +14:00 まで

6.4.2.6　SQLite の日時データ型

SQLite には、日時データ型はありません。代わりに、TEXT、REAL、INTEGER を使って日時値を保持することができます。

SQLite には明確な日時データ型はありませんが、DATE()、TIME()、DATETIME() などの日時関数を使って、日付や時刻を扱うことができます。詳しくは、「7.5　日時関数」を参照してください。

次のコードは、SQLite で日時値を保持するための 3 つの方法を示しています。

```
CREATE TABLE my_table (
    dt_text TEXT,
    dt_real REAL,
    dt_integer INTEGER
);

INSERT INTO my_table VALUES (
    '2021-12-25 7:00:01',
    '2021-12-25 7:00:01',
```

---

†5　訳注：29.998 秒以下の値は、最も近い分単位に切り捨てられ、29.999 秒以上の値は、最も近い分単位に切り上げられます。つまり、秒は常にゼロ（:00）になります。

†6　訳注：秒の小数部は、.000 秒、.003 秒、.007 秒のいずれかの単位に丸められます。

```
  '2021-12-25 7:00:01'
);

SELECT * FROM my_table;

dt_text|dt_real|dt_integer
2021-12-25 7:00:01|2021-12-25 7:00:01|2021-12-25 7:00:01
```

表6-18 は、SQLite での日時データ型の選択肢を示しています。

表6-18 SQLite の日時データ型

データ型	説明
TEXT	YYYY-MM-DD HH:MM:SS.SSS というフォーマットで、文字列として保持される
REAL	ユリウス日数（Julian day number）として保持される。これは、グリニッジでの紀元前 4714 年 11 月 24 日正午からの日数
INTEGER	Unix 時間として保持される。これは、1970-01-01 00:00:00 UTC からの秒数

6.5 その他のデータ

それぞれの RDBMS に固有のものも含めて、SQL には、そのほかにも多くのデータ型があります。

その中には、数値型の MONEY や日時型の INTERVAL のように、既存のデータ型のカテゴリーには分類されるものの、より詳細なデータを保持するものもあります。

また、地球上の特定の場所を示す地理空間データや、JSON/XML フォーマットで保管される Web データのように、より複雑なデータを保持するものもあります。

このセクションでは、ブールデータと外部ファイルのデータという 2 つのデータ型について説明します。

6.5.1 ブールデータ

ブール値（Boolean value）は、TRUE と FALSE の 2 つの値のいずれかです。これらは大文字・小文字の区別はなく、引用符を付けずに記述します。

```
SELECT TRUE, True, FALSE, False;

+------+------+------+------+
|    1 |    1 |    0 |    0 |
+------+------+------+------+
```

PostgreSQL では、次のように表示されます。

```
-------+-------+-------+-------
  t    |  t    |  f    |  f
```

6.5.1.1　ブールデータ型

MySQL、PostgreSQL、SQLite は、ブールデータ型をサポートしています。次の
コードは、ブール値の列を作成します。

```sql
CREATE TABLE my_table (
    my_boolean_column BOOLEAN
);

INSERT INTO my_table VALUES
    (TRUE),
    (false),
    (1);

SELECT * FROM my_table;

+-------------------+
| my_boolean_column |
+-------------------+
|                 1 |
|                 0 |
|                 1 |
+-------------------+
```

PostgreSQL では、数値の 1 を挿入しようとするとエラーになります。代わりに、
'1'、'true'、'F' などの文字列値を使うことができます。

```sql
-- PostgreSQL
INSERT INTO my_table VALUES
    (TRUE),
    (false),
    ('1'),
    ('true'),
    ('F');

SELECT * FROM my_table;

 my_boolean_column
-------------------
 t
 f
```

```
t
t
f
```

Oracle と SQL Server にはブールデータ型はありませんが、次のような回避策が
あります。

- Oracle では、データ型として CHAR(1) を使って 'T' と 'F' の値を保持する
  か、または NUMBER(1) を使って 1 と 0 の値を保持します。
- SQL Server では、BIT データ型を使います。この型は、1、0、NULL のいず
  れかの値を保持します。

6.5.2　外部ファイル（画像、ドキュメントなど）

データの列の中に、画像（.jpg、.png など）やドキュメント（.doc、.pdf など）
を含めたい場合には、2 つの方法があります。1 つは、ファイルへのリンクを保持す
ること（より一般的な方法）であり、もう 1 つは、ファイルをバイナリー値（2 進値）
として保持することです。

方法 1：ファイルへのリンクを保持する

一般に、それぞれのファイルが 1MB 以上である場合に推奨される方法です。参考
までに、iPhone の平均的な写真のサイズは 2～3MB 程度です。
ファイルはデータベースの外部に保管されるので、データベースには負荷がかから
ず、多くの場合、パフォーマンスが向上します。
ファイルへのリンクを列に挿入する手順は次のとおりです。

1. ファイルシステム上のファイルのパス名（/Users/images/img_001.jpg な
   ど）を書き留める
2. VARCHAR(100) のように、文字列を保持する列を作成する
3. その列にパス名を挿入する

方法 2：ファイルをバイナリー値として保持する

一般に、ファイルサイズが小さい場合に推奨される方法です。
ファイルはデータベースの内部に保管されるので、データのバックアップなどが簡単

になります。

バイナリー値を列に挿入する手順は次のとおりです。

1. ファイルをバイナリー値に変換する（バイナリーファイルを開くと、「Z™ ≈ jhJcE Ät, ÷ mfPfõrà」のように、ランダムな文字の並びに見えます）
2. BLOB のように、バイナリー値を保持する列を作成する
3. その列にファイルのバイナリー値を挿入する

　ここで述べているのは概念的な手順であり、使用する関数など、具体的な方法については、それぞれの RDBMS のドキュメントを参照してください。

6.5.2.1　バイナリー値と 16 進値

　バイナリーデータは、コンピューターが解釈する生の値を表します。バイナリーデータは多くの場合、**16 進数**（hexadecimal）と呼ばれる、よりコンパクトで人間が読める形式で表示されます。

* 文字―― a
* 相当するバイナリー値―― 01100001
* 相当する 16 進値―― 61

　16 進数は、バイナリー値の 1 と 0 の並びを、16 個の記号（0-9 と A-F）から成る記数法に変換します。16 進数の前には、X、x、0x のいずれかを付けます（次の例の AF12 は 16 進数であり、10 進数の 44818 に相当します）。

```
SELECT X'AF12', x'AF12', 0xAF12;

+----------+----------+---------+
| 0xAF12   | 0xAF12   | 0xAF12  |
+----------+----------+---------+
```

　MySQL は、この 3 つのフォーマットをすべてサポートしています。

　SQL Server は、3 番目のフォーマットをサポートしています。

　SQLite では、この SELECT 文を実行すると、初めの 2 つが文字列として表示され（この場合は該当する文字がないので、不明を表す記号が表示されます）、最後の 1 つが 44818 という数値として表示されます。後で説明する BLOB 型の列に 16 進数の値を挿入する場合は、初めの 2 つのフォーマットを使います。

PostgreSQL では、この SELECT 文を実行すると、初めの 2 つが 1010111100010010 というビットデータとして表示され、最後の 1 つが 44818 という数値として表示されます。後で説明する BYTEA 型の列に 16 進数の値を挿入する場合は、'\xAF12' というフォーマットを使います。

```
SELECT '\xAF12';

----------
\xAF12
```

Oracle では、16 進値を簡単に表示することはできませんが、代わりに、SELECT TO_NUMBER('AF12', 'XXXX') FROM dual; のように、TO_NUMBER 関数を使って、文字列の 16 進値を数値として表示することができます（'XXXX' は 4 桁の 16 進表記を意味します）。

6.5.2.2 バイナリーデータ型

次のコードは、バイナリーデータ型の列を作成します。

```
CREATE TABLE my_table (
    my_binary_column BLOB
);

INSERT INTO my_table VALUES
    ('a'),
    ('aaa'),
    ('ae$ iou');

SELECT * FROM my_table;

+------------------------------------+
| my_binary_column                   |
+------------------------------------+
| 0x61                               |
| 0x616161                           |
| 0x61652420696F75                   |
+------------------------------------+
```

MySQL、Oracle、SQLite で最もよく使われるバイナリーデータ型は、BLOB（Binary Large OBject）です。

PostgreSQL では、代わりに BYTEA を使います。

SQL Server では、VARBINARY を使います。例：VARBINARY(100)

Oracle と SQL Server では、「ae$ iou」などの文字列は、自動的にはバイ
ナリー値として認識されないので、テーブルに挿入する前に変換する必要があ
ります。

```
-- Oracle
INSERT INTO my_table SELECT RAWTOHEX('ae$ iou') FROM dual;

-- SQL Server
INSERT INTO my_table SELECT CONVERT(VARBINARY, 'ae$ iou');
```

　例で示した実行結果は MySQL でのものですが、表示形式は RDBMS によって異
なります。SQLite では、16 進数の代わりに a や aaa などがそのまま表示されます。
16 進数で表示したい場合は、SELECT HEX(my_binary_column) FROM my_table;
とします。

　'a' や 'aaa' のような文字列ではなく、16 進値（たとえば AF12）をそのまま指定
して挿入したい場合は、次のようにします。

```
-- MySQL
INSERT INTO my_table VALUES (X'AF12');
INSERT INTO my_table VALUES (x'AF12');
INSERT INTO my_table VALUES (0xAF12);

-- Oracle
INSERT INTO my_table SELECT HEXTORAW('AF12') FROM dual;

-- SQL Server
INSERT INTO my_table VALUES (0xAF12);

-- PostgreSQL
INSERT INTO my_table VALUES ('\xAF12');

-- SQLite
INSERT INTO my_table VALUES (X'AF12');
INSERT INTO my_table VALUES (x'AF12');
```

　表6-19 は、それぞれの RDBMS でのバイナリーデータ型の選択肢を示してい
ます。

表6-19 バイナリーデータ型

RDBMS	データ型	説明	データ長の指定範囲	ストレージサイズ（最大）
MySQL	BINARY	固定長バイナリー文字列。指定されたサイズになるまで、値の右側に 0 が詰められる	0〜255 バイト	指定により異なる
	VARBINARY	可変長バイナリー文字列	0〜65,535 バイト	指定により異なる
	TINYBLOB	小さな BLOB	指定なし	255 バイト
	BLOB	バイナリーラージオブジェクト（Binary Large OBject）	指定なし	65,535 バイト
	MEDIUMBLOB	中くらいの BLOB	指定なし	16,777,215 バイト
	LONGBLOB	大きな BLOB	指定なし	4,294,967,295 バイト
Oracle	RAW	可変長バイナリー文字列	1〜32,767 バイト	指定により異なる
	LONG RAW	より大きな RAW	指定なし	2GB
	BLOB	より大きな LONG RAW	指定なし	ブロックサイズの設定により 8〜128TB
PostgreSQL	BYTEA	可変長バイナリー文字列	指定なし	1 または 4 バイトに実際のバイナリー文字列の長さを加えた値
SQL Server	BINARY	固定長バイナリー文字列。指定されたサイズになるまで、値の右側または左側に 0 が詰められる[7]	1〜8,000 バイト	指定により異なる
	VARBINARY	可変長バイナリー文字列	1〜8,000 バイト、または max	指定により異なる、または 2GB
SQLite	BLOB	バイナリーラージオブジェクト（Binary Large OBject）	指定なし	入力データをそのまま格納する

---

[7] 訳注：文字列型の値（バイナリーデータも含む）を挿入すると、値の右側に 0 が詰められます。それ以外のデータの場合は、値の左側に 0 が詰められます。

7章
演算子と関数

　演算子と関数は、SQL 文の中で計算、比較、変換を行うために使われます。この章では、よく使われる演算子と関数について説明し、それらのコード例を示します。

　次のクエリーでは、網掛けで示した5つの演算子（+、=、OR、BETWEEN、AND）と2つの関数（UPPER、YEAR）が使われています。

```
-- 従業員の賃金を上げる
SELECT name, pay_rate + 5 AS new_pay_rate
FROM employees
WHERE UPPER(title) = 'ANALYST'
      OR YEAR(start_date) BETWEEN 2016 AND 2018;
```

演算子と関数

　演算子（operator）は、計算や比較を行うための記号またはキーワードです。演算子は、クエリーの SELECT 句、ON 句、WHERE 句、HAVING 句の中で使われます。

　関数（function）は、0個以上の入力を受け取り、計算や変換を適用して、値を出力します。関数は、クエリーの SELECT 句、WHERE 句、HAVING 句の中で使われます。

　演算子と関数は、SELECT 文のほかに、INSERT 文、UPDATE 文、DELETE 文の中でも利用できます。

　この章には、演算子についての1つのセクションと関数についての5つのセクション（「7.2　集計関数」、「7.3　数値関数」、「7.4　文字列関数」、「7.5　日時関数」、「7.6

NULL 関数」）があります。

よく使われる演算子を**表7-1**に、よく使われる関数を**表7-2**に、それぞれ示します。

表7-1　よく使われる演算子

論理演算子	比較演算子（記号）	比較演算子（キーワード）	数学演算子
AND	=	BETWEEN	+
OR	!=、<>	EXISTS	-
NOT	<	IN	*
	<=	IS NULL	/
	>	LIKE	%
	>=		

表7-2　よく使われる関数

集計関数	数値関数	文字列関数	日時関数	NULL 関数
COUNT()	ABS()	LENGTH()	CURRENT_DATE	COALESCE()
SUM()	SQRT()	TRIM()	CURRENT_TIME	
AVG()	LOG()	CONCAT()	DATEDIFF()	
MIN()	ROUND()	SUBSTR()	EXTRACT()	
MAX()	CAST()	REGEXP()	CONVERT()	

7.1　演算子

　演算子には、記号とキーワードがあります。それらは計算や比較を行うことができます。このセクションでは、SQL で利用可能な演算子について説明します。

7.1.1　論理演算子

　論理演算子は条件を修飾するために使われ、TRUE、FALSE、NULL のいずれかの結果になります。次のコードで網掛けで示したもの（NOT、AND、OR）が論理演算子です。

```
SELECT *
FROM employees
WHERE start_date IS NOT NULL
    AND (title = 'analyst' OR pay_rate < 25);
```

AND と OR を使って複数の条件文を組み合わせる場合、丸括弧 ( ) を使って演算の順序を明確にすることは、よい考えです。

表7-3 に、SQL での論理演算子を示します。

表7-3 論理演算子

演算子	説明
AND	両方の条件が TRUE であれば、TRUE を返す。どちらかが FALSE であれば、FALSE を返す。それ以外の場合は、NULL を返す
OR	どちらかの条件が TRUE であれば、TRUE を返す。両方が FALSE であれば、FALSE を返す。それ以外の場合は、NULL を返す
NOT	条件が FALSE であれば、TRUE を返す。条件が TRUE であれば、FALSE を返す。それ以外の場合は、NULL を返す

たとえば、name という列があるとしましょう。**表7-4** は、NOT を含まない条件文と NOT を含む条件文で、その列の値がどのように評価されるかを示しています。

表7-4 NOT の例

name	name IN ('Henry', 'Harper')	name NOT IN ('Henry', 'Harper')
Henry	TRUE	FALSE
Lily	FALSE	TRUE
NULL	NULL	NULL

name と age という 2 つの列があると仮定しましょう。**表7-5** は、AND を含む条件文と OR を含む条件文で、それらの列の値がどのように評価されるかを示しています。

表7-5 AND と OR の例

name	age	name = 'Henry'	age > 3	name = 'Henry' AND age > 3	name = 'Henry' OR age > 3
Henry	5	TRUE	TRUE	TRUE	TRUE
Henry	1	TRUE	FALSE	FALSE	TRUE
Lily	2	FALSE	FALSE	FALSE	FALSE
Henry	NULL	TRUE	NULL	NULL	TRUE
Lily	NULL	FALSE	NULL	FALSE	NULL

7.1.2　比較演算子

比較演算子は、述語の中で使われます。

演算子と述語

述語は、演算子を含んでいる比較です。

- `age = 35` という述語には、`=`演算子が含まれています。
- `COUNT(id) < 20` という述語には、`<`演算子が含まれています。

述語は「条件文」とも呼ばれます。これらの比較は、テーブル内の各行について評価され、結果として `TRUE`、`FALSE`、`NULL` のいずれかの値になります。

次のコードで網掛けで示したもの（`IS NULL`、`=`、`BETWEEN`）が比較演算子です。

```
SELECT *
FROM employees
WHERE start_date IS NOT NULL
    AND (title = 'analyst'
    OR pay_rate BETWEEN 15 AND 25);
```

記号である比較演算子を**表7-6**に、キーワードである比較演算子を**表7-7**に、それぞれ示します。

表7-6　比較演算子（記号）

演算子	説明
=	等しいかどうかをテストする
!=、<>	等しくないかどうかをテストする
<	より小さいかどうかをテストする
<=	以下かどうかをテストする
>	より大きいかどうかをテストする
>=	以上かどうかをテストする

MySQL には、等しいかどうかについて NULL 安全なテストを行うための `<=>` もあります。
`=`を使って 2 つの値を比較する場合、どちらかの値が NULL であれば、結果は NULL になります。

<=>を使って 2 つの値を比較する場合、どちらかの値が NULL であれば、結果は 0 になります。どちらも NULL であれば、結果は 1 になります。

表7-7　比較演算子（キーワード）

演算子	説明
BETWEEN	値が、指定した範囲内にあるかどうかをテストする
EXISTS	行がサブクエリー内に存在するかどうかをテストする
IN	値が、値のリスト内に含まれているかどうかをテストする
IS NULL	値が NULL かどうかをテストする
LIKE	値が、簡単なパターンにマッチするかどうかをテストする

LIKE 演算子は、「A という文字で始まるテキストを検索する」といった簡単なパターンにマッチさせるために使われます。詳しくは、「7.1.2.5　LIKE」で説明します。
正規表現は、「2 つの句読点の間にあるテキストを抽出する」といった、より複雑なパターンにマッチさせるために使われます。詳しくは、「7.4.9　正規表現の利用」で説明します。

ここでは、それぞれの比較演算子（キーワード）について詳しく説明します。

7.1.2.1　BETWEEN

BETWEEN は、値がある範囲内にあるかどうかをテストするために使います。これは、>=と <=を組み合わせたものです。2 つの値のより小さいほうを先に書き、AND 演算子によって 2 つの値を区切ります。

たとえば、年齢（age）が 35 歳以上かつ 44 歳以下のすべての行を見つけるには、次のようにします。

```
SELECT *
FROM my_table
WHERE age BETWEEN 35 AND 44;
```

年齢が 35 歳未満または 44 歳を超えるすべての行を見つけるには、次のようにします。

```
SELECT *
FROM my_table
WHERE age NOT BETWEEN 35 AND 44;
```

7.1.2.2　EXISTS

EXISTS は、サブクエリーが結果を返すかどうかをテストするために使います。通常、サブクエリーは別のテーブルを参照します。

次のクエリーは、顧客（customer）でもある従業員（employee）を返します。

```
SELECT e.id, e.name
FROM employees e
WHERE EXISTS (SELECT *
              FROM customers c
              WHERE c.email = e.email);
```

EXISTS か JOIN か？

前の EXISTS のクエリーは、JOIN を使って書くこともできます。

```
SELECT *
FROM employees e INNER JOIN customers c
    ON e.email = c.email;
```

両方のテーブルから値を返すようにしたい場合（SELECT *）は、JOIN のほうが適しています。

1つのテーブルから値を返すようにしたい場合（SELECT e.id, e.name）は、EXISTS のほうが適しています。このタイプのクエリーは、**準結合**（semi-join）と呼ばれることもあります。

EXISTS は、2 番目のテーブル内に重複する行があり、ある行が存在しているかどうかだけに関心がある場合にも役立ちます。

次のクエリーは、一度も購入したことがない顧客、すなわち注文情報（order）が存在しない顧客を返します。

```
SELECT c.id, c.name
FROM customers c
WHERE NOT EXISTS (SELECT *
                  FROM orders o
                  WHERE o.email = c.email);
```

7.1.2.3 IN

IN は、ある値が値のリスト内にあるかどうかをテストするために使います。

次のクエリーは、数人の従業員に関する値を返します。

```
SELECT *
FROM employees e
WHERE e.id IN (10001, 10032, 10057);
```

次のクエリーは、休暇（vacation）を取っていない従業員を返します。

```
SELECT e.id
FROM employees e
WHERE e.id NOT IN (SELECT v.emp_id
                   FROM vacations v);
```

 NOT IN を使用する場合、サブクエリー内の列（この例では v.emp_id）に１つ
でも NULL 値があると、サブクエリーは TRUE にはなりません。したがって、１
行も返されません。

サブクエリー内の列に NULL 値が存在する可能性がある場合は、NOT EXISTS
を使うほうが適切です。

```
SELECT e.id
FROM employees e
WHERE NOT EXISTS (SELECT *
                  FROM vacations v
                  WHERE v.emp_id = e.id);
```

7.1.2.4 IS NULL

ある値が NULL かどうかをテストするには、IS NULL または IS NOT NULL を使い
ます。

次のクエリーは、管理者（manager）のいない従業員を返します。

```
SELECT *
FROM employees
WHERE manager IS NULL;
```

次のクエリーは、管理者のいる従業員を返します。

```
SELECT *
FROM employees
WHERE manager IS NOT NULL;
```

7.1.2.5　LIKE

LIKE は、簡単なパターンにマッチさせるために使います。パーセント記号 (%) は、
0 個以上の文字を意味するワイルドカードです。

次のようなテーブルがあるとしましょう。

```
SELECT * FROM my_table;

+------+--------------------+
| id   | txt                |
+------+--------------------+
|    1 | You are great.     |
|    2 | Thank you!         |
|    3 | Thinking of you.   |
|    4 | I'm 100% positive. |
+------+--------------------+
```

you という言葉を含んでいる行をすべて探すには、次のようにします。

```
SELECT *
FROM my_table
WHERE txt LIKE '%you%';

-- MySQL、SQL Server、SQLite の結果
+------+------------------+
| id   | txt              |
+------+------------------+
|    1 | You are great.   |
|    2 | Thank you!       |
|    3 | Thinking of you. |
+------+------------------+

-- Oracle と PostgreSQL の結果
+------+------------------+
| id   | txt              |
+------+------------------+
|    2 | Thank you!       |
|    3 | Thinking of you. |
+------+------------------+
```

MySQL、SQL Server、SQLite では、パターンの大文字・小文字は区別されません。したがって、'%you%' によって、You と you の両方が検索されます。

Oracle と PostgreSQL では、パターンの大文字・小文字が区別されます。したがって、'%you%' によって、you だけが検索されます。

You という言葉で始まる行をすべて探すには、次のようにします。

```
SELECT *
FROM my_table
WHERE txt LIKE 'You%';

+------+----------------+
| id   | txt            |
+------+----------------+
|    1 | You are great. |
+------+----------------+
```

指定した文字を含まない行を返すには、NOT LIKE を使います。

0 個以上の文字にマッチさせるためのパーセント記号（%）の代わりに、アンダースコア（_）を使って、任意の 1 文字にマッチさせることもできます。

> % と_は、LIKE と一緒に使う場合に特別な意味を持つので、それらの文字そのものを検索したい場合は、ESCAPE キーワードを追加する必要があります。
>
> 次のコードは、% 記号を含んでいるすべての行を探します。
>
> ```
> SELECT *
> FROM my_table
> WHERE txt LIKE '%!%%' ESCAPE '!';
>
> +------+--------------------+
> | id   | txt                |
> +------+--------------------+
> |    4 | I'm 100% positive. |
> +------+--------------------+
> ```
>
> ESCAPE キーワードの後に、エスケープ文字として！を宣言しているので、%!%% のように真ん中の % の前に！を置くと、!% は % として解釈されます。

LIKE は、特定の文字列を検索する場合に便利です。より高度なパターン検索のためには、正規表現を利用できます。正規表現については、「7.4.9 正規表現の利用」で解説します。

7.1.3 数学演算子

数学演算子は、SQL で使用できる数学記号です。次のコードで網掛けで示したもの（/）が数学演算子です。

```
SELECT salary / 52 AS weekly_pay
FROM my_table;
```

表7-8 に、SQL での数学演算子を示します。

表7-8 数学演算子

演算子	説明
+	加算
-	減算
*	乗算
/	除算
%（Oracle では **MOD**）	モジュロ（剰余）

 PostgreSQL、SQL Server、SQLite では、整数を整数で割ると、結果は整数になります。

```
SELECT 15/2;
```

```
7
```

結果が小数を含むようにしたければ、小数で割るか、または CAST 関数を使います。

```
SELECT 15/2.0;
```

```
7.5
```

```
-- PostgreSQLとSQL Server
SELECT CAST(15 AS DECIMAL) /
       CAST(2 AS DECIMAL);
```

```
7.5
```

```
-- SQLite
SELECT CAST(15 AS REAL) /
       CAST(2 AS REAL);
```

```
7.5
```

このほかに、次のような数学演算子があります。

- ビット（0 と 1 の値）を扱うための**ビット演算子**
  &（AND）、|（OR）、^（XOR）など
- テーブル内の値を更新するための**代入演算子**
  +=（加算代入）、-=（減算代入）など

7.2 集計関数

集計関数（aggregate function）は、多くのデータ行に対して計算を行い、結果として1つの値を返します。**表7-9** は、SQL での基本的な5つの集計関数を示しています。

表7-9 基本的な集計関数

関数	説明
COUNT()	値の数を数える
SUM()	列の合計を計算する
AVG()	列の平均を計算する
MIN()	列の最小値を求める
MAX()	列の最大値を求める

集計関数は、列内の NULL 以外の値に計算を適用します。唯一の例外は COUNT(*) であり、NULL 値を含めて、すべての行を数えます。

また、ARRAY_AGG、GROUP_CONCAT、LISTAGG、STRING_AGG などの関数を使って、複数の行を1つのリストに集約することもできます。詳しくは、「8.2.2 複数の行を1つの値またはリストに集約する」で解説します。

> このほかに Oracle では、MEDIAN（中央値）、STATS_MODE（最頻値）、STDDEV（標準偏差）などの集計関数がサポートされています。

集計関数（次の例で網掛けで示したもの）は、クエリーの SELECT 句と HAVING 句の中で使われます。

```
SELECT COUNT(*) AS total_rows,
       AVG(age) AS average_age
FROM my_table;

SELECT region, MIN(age), MAX(age)
FROM my_table
GROUP BY region
HAVING MIN(age) < 18;
```

SELECT 句の中に集計列と非集計列の両方を指定する場合は、すべての非集計列（前の例で言うと region）を GROUP BY 句の中に含めなければなりません。これをしないと、ほとんどの RDBMS ではエラーが発生します。一部の RDBMS（たとえば SQLite）では、エラーは発生せず、文が実行されますが、返される結果は不正確になります。結果が正しいかどうかを入念にチェックするようにしてください。

MIN/MAX と LEAST/GREATEST

MIN 関数と MAX 関数は、列内の最小値と最大値を求めます。

LEAST 関数と GREATEST 関数は、行内の最小値と最大値を求めます。これらの関数は、数値、文字列値、日時値を入力として受け取ることができます。行内に 1 つでも NULL 値があると、これらの関数は NULL を返します（ただし PostgreSQL と SQL Server では、NULL 値は無視されます）。

次のテーブルは、アメフトの各クォーター（q1 から q4）に各選手がランで稼いだマイル数を示しています。その後にあるクエリーは、各選手が一番多く走ったクォーターのマイル数を表示します。

```
SELECT * FROM goat;

+--------+------+------+------+------+
| name   | q1   | q2   | q3   | q4   |
+--------+------+------+------+------+
| Ali    | 100  | 200  | 150  | NULL |
| Bolt   | 350  | 400  | 380  | 300  |
| Jordan | 200  | 250  | 300  | 320  |
+--------+------+------+------+------+


SELECT name, GREATEST(q1, q2, q3, q4)
             AS most_miles
FROM goat;

+--------+------------+
| name   | most_miles |
+--------+------------+
| Ali    |       NULL |
| Bolt   |        400 |
| Jordan |        320 |
+--------+------------+
```

PostgreSQL と SQL Server では、結果の中の NULL の部分が 200 になり
ます。

SQLite では、GREATEST 関数の代わりに MAX 関数を使って、MAX(q1, q2,
q3, q4) とします。

7.3 数値関数

数値関数は、数値データ型の列に適用できます。このセクションでは、SQL でよ
く使われる数値関数について説明します。

7.3.1 数学関数の適用

SQL には、複数のタイプの数学演算があります。

数学演算子

+、-、*、/、% などの記号を用いる演算

集計関数

データの列全体を 1 つの値に集約する演算（COUNT、SUM、AVG、MIN、MAX
など）

数学関数

データの各行に適用される、キーワードを用いた演算（SQRT や LOG など、
表7-10 に示したもの）

SQLite は、ABS 関数だけをサポートしています。その他の数学関数は、手動
で有効にする必要があります[1]。詳しくは、SQLite の Web サイトで数学関
数のページ（https://www.sqlite.org/lang_mathfunc.html）を参照してく
ださい。

---

[1] 訳注：使用するバージョンやパッケージによっては、初めから使用可能な場合もあります。

表7-10　数学関数（Oracle では FROM dual を追加）

カテゴリー	関数	説明	コード	結果
正と負の値	ABS	絶対値	SELECT ABS(-5);	5
	SIGN	数値が負、ゼロ、正のいずれかに応じて、−1、0、1 を返す	SELECT SIGN(-5);	−1
指数と対数	POWER	x の y 乗	SELECT POWER(5,2);	25
	SQRT	平方根	SELECT SQRT(25);	5
	EXP	e (=2.71828) の x 乗	SELECT EXP(2);	7.389
	LOG(x,y)（SQL Server では LOG(y,x)）	x を底とする y の対数	SELECT LOG(2,10); SELECT LOG(10,2);	3.322
	LN (SQL Server では LOG)	自然対数（e を底とする対数）	SELECT LN(10); SELECT LOG(10);	2.303
	LOG10 (Oracle では LOG(10,x))	10 を底とする対数	SELECT LOG10(100); SELECT LOG(10,100) FROM dual;	2
その他	MOD (SQL Server では x%y)	x/y の余り	SELECT MOD(12,5); SELECT 12%5;	2
	PI (Oracle では使用不可)	円周率の値	SELECT PI();	3.14159
	COS、SIN など	コサイン、サイン、その他の三角関数（入力はラジアンで指定）	SELECT COS(.78);	0.711

7.3.2　乱数の生成

表7-11 は、それぞれの RDBMS で乱数を生成する方法を示しています。必要であれば、**シード**（seed）[†2]を入力し、生成される乱数が毎回同じになるようにすることもできます。

表7-11　乱数ジェネレーター

RDBMS	コード	結果の範囲
MySQL、SQL Server	SELECT RAND(); -- オプションのシードを指定 SELECT RAND(22);	0〜1
Oracle	SELECT DBMS_RANDOM.VALUE FROM dual; SELECT DBMS_RANDOM.RANDOM FROM dual;	0〜1 $-2E31$〜$+2E31$

†2　訳注：「乱数の種」とも呼ばれます。

表7-11 乱数ジェネレーター（続き）

RDBMS	コード	結果の範囲
PostgreSQL	`SELECT RANDOM();`	$0\sim1$
SQLite	`SELECT RANDOM();`	$-9E18\sim+9E18$

　乱数の関数は、テーブル内のランダムな数行を返すために使われることがあります。次のクエリーは、（テーブルをソートする必要があるので）効率のよいものではありませんが、それを行うための簡単な方法です。

```
-- ランダムな5行を返す（PostgreSQLとSQLiteでの例）
SELECT *
FROM my_table
ORDER BY RANDOM()
LIMIT 5;
```

　MySQL では、`RANDOM()` を `RAND()` にします。

　Oracle と SQL Server では、次の方法を使って、テーブルをランダムにサンプリングすることができます。

```
-- Oracleで、ランダムな20%の行を返す
SELECT *
FROM my_table
SAMPLE(20);
```

```
-- SQL Serverで、ランダムな100行を返す
SELECT *
FROM my_table
TABLESAMPLE(100 ROWS);
```

7.3.3　数値の丸め

　表7-12 は、それぞれの RDBMS で数値を丸めるための各種の方法を示しています。

表7-12　数値の丸めの選択肢（Oracle では `FROM dual` を追加）

関数	説明	コード	出力
CEIL （SQL Server では CEILING）	最も近い整数に切り上げる	`SELECT CEIL(98.7654);` `SELECT CEILING(98.7654);`	99

表7-12　数値の丸めの選択肢（Oracle では FROM dual を追加）（続き）

関数	説明	コード	出力
FLOOR	最も近い整数に切り捨てる	`SELECT FLOOR(98.7654);`	98
ROUND	小数点以下の指定した桁数に四捨五入する。デフォルトは小数点以下0桁	`SELECT ROUND(98.7654,2);`	98.77

TRUNC
（MySQL では TRUNCATE、SQL Server では ROUND(x,y,1)、SQLite では引数は1つのみ）
	小数点以下の指定した桁数で切り捨てる。デフォルトは小数点以下0桁	`SELECT TRUNC(98.7654,2);`
		`SELECT TRUNCATE(98.7654,2);`
		`SELECT ROUND(98.7654,2,1);`
		`SELECT TRUNC(98.7654);`
			98.76
			
			98.0

> SQLite は、ROUND 関数だけをサポートしています。その他の丸めの選択肢は、手動で有効にする必要があります[3]。詳しくは、SQLite の Web サイトで数学関数のページ（https://www.sqlite.org/lang_mathfunc.html）を参照してください。

7.3.4　データを数値データ型に変換する

CAST 関数は、さまざまなデータ型を変換するために使われ、数値データに関する変換でもよく使われます。

次の例で、文字列の列と数値を比較したいと仮定しましょう。

文字列の列を持つテーブルは次のとおりです。

```
+------+---------+
| id   | str_col |
+------+---------+
|    1 | 1.33    |
|    2 | 5.5     |
|    3 | 7.8     |
+------+---------+
```

文字列の列（str_col）と数値の比較を試みます。

---

[3]　訳注：使用するバージョンやパッケージによっては、初めから使用可能な場合もあります。

```
SELECT *
FROM my_table
WHERE str_col > 3;

-- MySQL、Oracle、SQLite の結果
+------+---------+
| id   | str_col |
+------+---------+
|    2 | 5.5     |
|    3 | 7.8     |
+------+---------+

-- PostgreSQL と SQL Server の結果
エラー
```

MySQL、Oracle、SQLite では、>演算子が現れたときに文字列の列が数値
の列として認識されるので、クエリーは正しい結果を返します。
PostgreSQL と SQL Server では、文字列の列を数値の列に明示的に CAST
する必要があります。

文字列の列を小数の列に明示的にキャストして、数値と比較します。

```
SELECT *
FROM my_table
WHERE CAST(str_col AS DECIMAL) > 3;

 id | str_col
----+---------
  2 | 5.5
  3 | 7.8
```

CAST を使用しても、列のデータ型は永続的には変更されず、クエリーの間だけ
変更されます。列のデータ型を永続的に変更するには、**ALTER TABLE** 文を使っ
てテーブルを変更します(「5.3.4.3 テーブルの制約を変更する」)。

7.4 文字列関数

文字列関数は、文字列データ型の列に適用できます。このセクションでは、SQL
でよく使われる文字列操作について説明します。

7.4.1　文字列の長さを求める

文字列の長さを求めるには、LENGTH 関数を使います。

SELECT 句での例

```
SELECT LENGTH(name)
FROM my_table;
```

WHERE 句での例

```
SELECT *
FROM my_table
WHERE LENGTH(name) < 10;
```

SQL Server では、LENGTH の代わりに LEN を使います。

ほとんどの RDBMS は、文字列の長さを数えるときに末尾のスペースを除外しますが、Oracle はそれを含めて数えます。

文字列の例： 'Al   '
長さ：2
Oracle での長さ：5

Oracle で末尾のスペースを除外するには、TRIM 関数を使います。

```
SELECT LENGTH(TRIM(name))
FROM my_table;
```

7.4.2　文字列の大文字・小文字を変換する

文字列を大文字に変換するには UPPER 関数、小文字に変換するには LOWER 関数を使います。

UPPER 関数の例

```
SELECT UPPER(type)
FROM my_table;
```

LOWER 関数の例

```
SELECT *
FROM my_table
WHERE LOWER(type) = 'public';
```

Oracle と PostgreSQL には、文字列内の各単語の最初の文字を大文字にして、それ以外の文字を小文字にする、INITCAP(*string*) 関数もあります。

7.4.3 文字列の前後の不要な文字を取り除く

文字列値の先頭と末尾の不要な文字を取り除くには、TRIM 関数を使います。次のテーブルには、取り除きたい文字がいくつかあります。

```
SELECT * FROM my_table;

+----------------+
| color          |
+----------------+
| !!red          |
| .orange!       |
|    ..yellow..  |
+----------------+
```

7.4.3.1 文字列の前後のスペースを取り除く

TRIM は、デフォルトでは、文字列の左側と右側の両方からスペースを取り除きます。

```
SELECT TRIM(color) AS color_clean
FROM my_table;

+-------------+
| color_clean |
+-------------+
| !!red       |
| .orange!    |
| ..yellow..  |
+-------------+
```

7.4.3.2 文字列の前後のその他の文字を取り除く

スペース以外に、取り除きたい文字を指定することができます。次のコードは、文字列の前後の感嘆符を取り除きます。

```
SELECT TRIM('!' FROM color) AS color_clean
FROM my_table;
```

SQLite では、代わりに `TRIM(color, '!')` を使います。

7.4.3.3　文字列の左側または右側から文字を取り除く

文字列の一方の側から文字を取り除くには、2 つの選択肢があります。

選択肢 1：`TRIM(LEADING ..)` と `TRIM(TRAILING ..)`

MySQL、Oracle、PostgreSQL では、`TRIM(LEADING ..)` または `TRIM(TRAIL` `ING ..)` を使って、文字列の左側または右側から文字を取り除くことができます。次のコードは、文字列の先頭から感嘆符を取り除きます。

```
SELECT TRIM(LEADING '!' FROM color) AS color_clean
FROM my_table;
+----------------+
| color_clean    |
+----------------+
| red            |
|  .orange!      |
|   ..yellow..   |
+----------------+
```

選択肢 2：`LTRIM` と `RTRIM`

`LTRIM` または `RTRIM` というキーワードを使って、文字列の左側または右側から文字を取り除きます。

Oracle、PostgreSQL、SQLite では、すべての不要な文字を 1 つの文字列の中に書くことができます。次のコードは、文字列の先頭から、ピリオド、感嘆符、スペースを取り除きます。

```
SELECT LTRIM(color, '.! ') AS color_clean
FROM my_table;
```

```
+-------------+
| color_clean |
+-------------+
| red         |
| orange!     |
| yellow..    |
+-------------+
```

MySQL と SQL Server では、`LTRIM(color)` または `RTRIM(color)` を使って、スペースだけを取り除くことができます。

7.4.4 文字列の連結

文字列を連結するには、`CONCAT` 関数または連結演算子（`||`）を使います。

```sql
-- MySQL、PostgreSQL、SQL Server
SELECT CONCAT(id, '_', name) AS id_name
FROM my_table;

-- Oracle、PostgreSQL、SQLite
SELECT id || '_' || name AS id_name
FROM my_table;
```

```
+-----------+
| id_name   |
+-----------+
| 1_Boots   |
| 2_Pumpkin |
| 3_Tiger   |
+-----------+
```

7.4.5 文字列内のテキストの検索

文字列内のテキストを検索するには、2つの方法があります。

方法1：テキストが文字列内に現れるかどうか？

指定したテキストが文字列内に現れるかどうかを判別するには、`LIKE` 演算子を使います。次のクエリーでは、`some` というテキストを含んでいる行だけが返されます。

```sql
SELECT *
FROM my_table
WHERE my_text LIKE '%some%';
```

　　詳しくは、「7.1.2.5　LIKE」を参照してください。

方法2：テキストが文字列内のどこに現れるか？

　　文字列内のテキストの位置を判別するには、INSTR/POSITION/CHARINDEX関数を使います。

　表7-13は、それぞれのRDBMSで、位置を判別する関数が要求するパラメーターを示しています。

表7-13　文字列内でのテキストの位置を調べる関数

RDBMS	コードのフォーマット
MySQL	INSTR(*string, substring*)
	LOCATE(*substring, string, position*)
Oracle	INSTR(*string, substring, position, occurrence*)
PostgreSQL	POSITION(*substring* IN *string*)
	STRPOS(*string, substring*)
SQL Server	CHARINDEX(*substring, string, position*)
SQLite	INSTR(*string, substring*)

　これらの関数の入力は次のとおりです。

string（必須）

　　検索対象となる文字列（すなわち、VARCHAR列の名前）

substring（必須）

　　検索したい文字列（文字や単語など）

position（オプション）

　　検索開始位置。デフォルトでは、最初の文字（1）から検索を開始します。*position*が負の値の場合は、文字列の終わりから検索を開始します。

occurrence（オプション）

　　*string*内での*substring*の出現回数（1回目、2回目、3回目など）。デフォルトでは、最初に出現したもの（1）を検索します。

次のようなテーブルがあるとしましょう。

```
+-----------------------------+
| my_text                     |
+-----------------------------+
| Here is some text.          |
| And some numbers - 1 2 3 4 5 |
| And some punctuation! :)     |
+-----------------------------+
```

my_text の文字列の中で some という部分文字列の位置を検索するには、次のようにします。

```
SELECT INSTR(my_text, 'some') AS some_location
FROM my_table;
```

```
+---------------+
| some_location |
+---------------+
|             9 |
|             5 |
|             5 |
+---------------+
```

SQL でのカウントは 1 から始まる

カウントが 0 から始まる他のプログラミング言語と違って、SQL では、カウントは 1 から始まります。

前の出力結果で、9 は 9 番目の文字を意味します。

Oracle では、REGEXP_INSTR を使って、正規表現で部分文字列を検索することができます。詳しくは、「7.4.9.2　Oracle での正規表現」で解説します。

7.4.6　文字列の一部を抽出する

文字列の一部分を抽出するには、SUBSTR または SUBSTRING 関数を使います。関数の名前と入力は、RDBMS によって異なります。

```
-- MySQL、Oracle、PostgreSQL、SQLite
SUBSTR(string, start, length)

-- MySQL
SUBSTR(string FROM start FOR length)

-- MySQL、PostgreSQL、SQL Server
SUBSTRING(string, start, length)

-- MySQL、PostgreSQL
SUBSTRING(string FROM start FOR length)
```

これらの関数の入力は次のとおりです。

string（必須）

　　検索対象となる文字列（すなわち、VARCHAR 列の名前）

start（必須）

　　検索開始位置。*start* を 1 に設定すると最初の文字から検索を開始し、2 に設定すると 2 番目の文字から検索を開始します。0 に設定した場合は、1 と同様に扱われます。*start* が負の値の場合は、最後の文字から検索します。

length（オプション）

　　返される文字列の長さ。*length* を省略すると、*start* から終わりまでのすべての文字が返されます。SQL Server では、*length* は必須です。

次のようなテーブルがあるとしましょう。

```
+-----------------------------+
| my_text                     |
+-----------------------------+
| Here is some text.          |
| And some numbers - 1 2 3 4 5 |
| And some punctuation! :)     |
+-----------------------------+
```

部分文字列を抽出するには、次のようにします。

```
SELECT SUBSTR(my_text, 14, 8) AS sub_str
FROM my_table;
```

```
+----------+
| sub_str  |
+----------+
| text.    |
| ers - 1  |
| tuation! |
+----------+
```

Oracle では、REGEXP_SUBSTR を使って、正規表現によって部分文字列を抽出することができます。詳しくは、「7.4.9.2 Oracle での正規表現」で解説します。

7.4.7 文字列内のテキストの置換

文字列内のテキストを置換するには、REPLACE 関数を使います。関数の入力の順序に注意してください。*string* は検索対象となる文字列、*old_string* は元の文字列、*new_string* は置換後の文字列を表します。

REPLACE(*string*, *old_string*, *new_string*)

次のようなテーブルがあるとしましょう。

```
+-----------------------------+
| my_text                     |
+-----------------------------+
| Here is some text.          |
| And some numbers - 1 2 3 4 5 |
| And some punctuation! :)     |
+-----------------------------+
```

some という単語を the に置き換えるには、次のようにします。

```
SELECT REPLACE(my_text, 'some', 'the')
       AS new_text
FROM my_table;
```

```
+-----------------------------+
| new_text                    |
+-----------------------------+
| Here is the text.           |
| And the numbers - 1 2 3 4 5 |
| And the punctuation! :)      |
+-----------------------------+
```

OracleとPostgreSQLでは、`REGEXP_REPLACE`を使って、正規表現によって文字列を置き換えることができます。詳しくは、「7.4.9.2　Oracleでの正規表現」および「7.4.9.3　PostgreSQLでの正規表現」で解説します。

7.4.8　文字列からテキストを削除する

文字列からテキストを削除するには、`REPLACE`関数を利用して、置換後の値として空の文字列を指定します。

someという単語を削除するには、次のようにします。

```
SELECT REPLACE(my_text, 'some ', '')
       AS new_text
FROM my_table;

+------------------------+
| new_text               |
+------------------------+
| Here is text.          |
| And numbers - 1 2 3 4 5 |
| And punctuation! :)     |
+------------------------+
```

7.4.9　正規表現の利用

正規表現（regular expression）を使うと、複雑なパターンにマッチさせることができます。たとえば、5文字ちょうどの単語を検索したり、大文字で始まるすべての単語を検索したりできます。

たとえば、次のようなタコスの調味料のレシピがあるとしましょう。

```
- 1 tablespoon chili powder
- .5 tablespoon ground cumin
- .5 teaspoon paprika
- .25 teaspoon garlic powder
- .25 teaspoon onion powder
- .25 teaspoon crushed red pepper flakes
- .25 teaspoon dried oregano
```

このリストから（`1 tablespoon`などの）分量を除外して、食材のリストだけが欲しいとします。そのためには、spoonという言葉の後のすべてのテキストを抽出する正規表現を書くことができます。

次に示す正規表現を記述すると[4]、

```
(?<=spoon ).*$
```

結果は次のようになります。

```
chili powder
ground cumin
paprika
garlic powder
onion powder
crushed red pepper flakes
dried oregano
```

この正規表現はすべてのテキストをくまなく調べ、spoon という言葉と行末との間にあるすべてのテキストを抽出します。

以下に、正規表現についてのアドバイスを記します。

- 正規表現の構文は直観的ではありません。Regex101（https://regex101.com）のようなオンラインツールを使って、正規表現の各部分の意味を解析すると理解しやすくなるでしょう。
- 正規表現は、SQL に固有のものではありません。多くのプログラミング言語やテキストエディターで利用できます。
- RegexOne（https://regexone.com）は、簡潔なチュートリアルを提供してくれます。また、Thomas Nield 氏による O'Reilly の記事「An Introduction to Regular Expressions」（https://oreil.ly/1jJQk）も参考になります。

正規表現の構文を覚える代わりに、既存の正規表現を検索して、自分のニーズに合うように修正することを勧めます。

前の例では、筆者は「regular expression text after string」（正規表現　文字列の後のテキスト）などと検索しました。

Google の検索結果によって、(?<=WORD).*$ という正規表現を知ることができました。Regex101（https://regex101.com）を使って、その正規表現の各部を理解し、最後に WORD の部分を spoon に置き換えました。

---

[4] 訳注：どの RDBMS でも使えるわけではありません。

正規表現の関数は RDBMS によって大きく異なるので、それぞれについて個別の
セクションを設けることにしました。SQLite は、デフォルトでは正規表現をサポー
トしていませんが、それを実装することは可能です。詳しくは、SQLite のドキュメ
ント（https://oreil.ly/gmxS6）を参照してください。

7.4.9.1　MySQL での正規表現

文字列内で正規表現パターンを検索するには、REGEXP を使います。

たとえば、映画のタイトルを含んでいる次のようなテーブル（movies）があると
しましょう。

```
+----------------------------+-------------+
| title                      | city        |
+----------------------------+-------------+
| 10 Things I Hate About You | Seattle     |
| 22 Jump Street             | New Orleans |
| The Blues Brothers         | Chicago     |
| Ferris Bueller's Day Off   | Chi         |
+----------------------------+-------------+
```

「Chicago」（シカゴ）のさまざまなスペルをすべて探すには、次のようにします。

```
SELECT *
FROM movies
WHERE city REGEXP '(Chicago|CHI|Chitown)';
```

```
+--------------------------+---------+
| title                    | city    |
+--------------------------+---------+
| The Blues Brothers       | Chicago |
| Ferris Bueller's Day Off | Chi     |
+--------------------------+---------+
```

MySQL の正規表現は、文字列の大文字と小文字を区別しません。CHI と Chi は
同じものと見なされます。

タイトルに数字を含んでいる映画をすべて見つけるには、次のようにします。

```
SELECT *
FROM movies
WHERE title REGEXP '\\d';
```

```
+----------------------------+-------------+
| title                      | city        |
+----------------------------+-------------+
| 10 Things I Hate About You | Seattle     |
```

```
| 22 Jump Street             | New Orleans |
+----------------------------+-------------+
```

MySQL では、正規表現内の単一のバックスラッシュ（\d = 任意の数字）は、二重のバックスラッシュに変える必要があります。

7.4.9.2　Oracle での正規表現

Oracle は、次のように多くの正規表現関数をサポートしています。

- REGEXP_LIKE は、テキスト内で正規表現パターンとのマッチングを行います。
- REGEXP_COUNT は、テキスト内でパターンが出現した回数を数えます。
- REGEXP_INSTR は、テキスト内でパターンが出現した位置を特定します。
- REGEXP_SUBSTR は、パターンにマッチする、テキスト内の部分文字列を返します。
- REGEXP_REPLACE は、パターンにマッチする部分文字列を、別のテキストに置き換えます。

たとえば、次のようなテーブル（movies）があるとしましょう。

```
TITLE                       CITY
--------------------------- -------------
10 Things I Hate About You  Seattle
22 Jump Street              New Orleans
The Blues Brothers          Chicago
Ferris Bueller's Day Off    Chi
```

タイトルに数字を含んでいる映画をすべて見つけるには、次のようにします。

```
SELECT *
FROM movies
WHERE REGEXP_LIKE(title, '\d');

TITLE                       CITY
--------------------------- -------------
10 Things I Hate About You  Seattle
22 Jump Street              New Orleans
```

次の正規表現は、すべて同じです。

```
REGEXP_LIKE(title, '\d')
REGEXP_LIKE(title, '[0-9]')
REGEXP_LIKE(title, '[[:digit:]]')
```

3番目の例は、POSIXの正規表現構文（https://oreil.ly/G3Tkw）を用いたものです。Oracleはこれをサポートしています。

タイトル内の大文字の数を数えるには、次のようにします。

```
SELECT title, REGEXP_COUNT(title, '[A-Z]')
       AS num_caps
FROM movies;

TITLE                         NUM_CAPS
--------------------------- ----------

10 Things I Hate About You       5
22 Jump Street                   2
The Blues Brothers               3
Ferris Bueller's Day Off         4
```

タイトル内の最初の母音字の位置を求めるには、次のようにします。

```
SELECT title, REGEXP_INSTR(title, '[aeiou]')
       AS first_vowel
FROM movies;

TITLE                         FIRST_VOWEL
--------------------------- -------------

10 Things I Hate About You        6
22 Jump Street                    5
The Blues Brothers                3
Ferris Bueller's Day Off          2
```

タイトル内の数字を返すには、次のようにします[5]。

```
SELECT title, REGEXP_SUBSTR(title, '[0-9]+')
       AS nums
FROM movies
WHERE REGEXP_LIKE(title, '\d');

TITLE                         NUMS
--------------------------- ------

10 Things I Hate About You    10
22 Jump Street                22
```

---

[5]　訳注：同じタイトルの中に複数の数字が含まれている場合は、最初のものだけが返されます。

タイトル内の数字を 100 に置き換えるには、次のようにします。

```
SELECT REGEXP_REPLACE(title, '[0-9]+', '100')
       AS one_hundred_title
FROM movies
WHERE REGEXP_LIKE(title, '\d');

ONE_HUNDRED_TITLE
-----------------------------
100 Things I Hate About You
100 Jump Street
```

 Oracle の正規表現に関する詳細と例については、Jonathan Gennick 氏と Peter Linsley 氏による『Oracle Regular Expressions Pocket Reference』(https://www.oreilly.com/library/view/oracle-regular-expressions/0596006012/) が参考になります。

7.4.9.3　PostgreSQL での正規表現

文字列内で正規表現パターンを検索するには、SIMILAR TO または~を使います。次のようなテーブル（movies）があるとしましょう。

```
            title           |    city
----------------------------+-------------
 10 Things I Hate About You | Seattle
 22 Jump Street             | New Orleans
 The Blues Brothers         | Chicago
 Ferris Bueller's Day Off   | Chi
```

「Chicago」（シカゴ）のさまざまなスペルをすべて探すには、次のようにします。

```
SELECT *
FROM movies
WHERE city SIMILAR TO '(Chicago|CHI|Chi|Chitown)';

           title          |   city
--------------------------+---------
 The Blues Brothers       | Chicago
 Ferris Bueller's Day Off | Chi
```

PostgreSQL の正規表現は、文字列の大文字と小文字を区別します。したがって、CHI と Chi は別の値と見なされます。

SIMILAR TO と ~

SIMILAR TO は、限られた正規表現の機能を提供し、ほとんどの場合、複数の選択肢 (Chicago|CHI|Chi) を示すために使われます。そのほかに SIMILAR TO と一緒によく使われる正規表現記号は、* (0 回以上)、+ (1 回以上)、{} (回数を指定) です。

チルダ (~) は、より高度な正規表現のために、POSIX 構文 (https://oreil.ly/Thzdv) と一緒に使われます。これは、PostgreSQL がサポートする、もう 1 つの種類の正規表現です。

サポートされる記号の完全なリストについては、PostgreSQL のドキュメント (https://oreil.ly/wsB46) を参照してください。

次の例では、SIMILAR TO の代わりに ~ を使います。

タイトルに数字を含んでいる映画をすべて見つけるには、次のようにします。

```
SELECT *
FROM movies
WHERE title ~ '\d';
```

```
+-----------------------------+-------------+
| title                       | city        |
+-----------------------------+-------------+
| 10 Things I Hate About You  | Seattle     |
| 22 Jump Street              | New Orleans |
+-----------------------------+-------------+
```

PostgreSQL は REGEXP_REPLACE もサポートしています。これを使うと、文字列内で特定のパターンにマッチする文字を置換できます。

タイトル内の数字を 100 に置き換えるには、次のようにします。

```
SELECT REGEXP_REPLACE(title, '\d+', '100')
FROM movies;

regexp_replace
---------------------------
100 Things I Hate About You
100 Jump Street
The Blues Brothers
Ferris Bueller's Day Off
```

\d という正規表現は、[0-9] や [[:digit:]] と同じです。

7.4.9.4 SQL Server での正規表現

SQL Server は、LIKE キーワードによって、限られた数の正規表現をサポートしています。

たとえば、次のようなテーブル（movies）があるとしましょう。

```
title                        city
---------------------------  -------------
10 Things I Hate About You   Seattle
22 Jump Street               New Orleans
The Blues Brothers           Chicago
Ferris Bueller's Day Off     Chi
```

SQL Server は、少し異なる種類の正規表現構文を使います。詳細は、Microsoft のドキュメント（https://oreil.ly/QANyP）[6]に記されています。

タイトルに数字を含んでいる映画をすべて見つけるには、次のようにします。

```
SELECT *
FROM movies
WHERE title LIKE '%[0-9]%';
```

```
title                        city
---------------------------  -------------
10 Things I Hate About You   Seattle
22 Jump Street               New Orleans
```

7.4.10 データを文字列データ型に変換する

文字列関数を文字列以外のデータ型に適用する場合、データ型は一致していませんが、通常は問題なく実行されます。

次のテーブルには、numbers という数値の列があります。

```
+---------+
| numbers |
+---------+
| 1.33    |
| 2.5     |
```

[6] 訳注：日本語ページには、次の URL でアクセスできます。
https://learn.microsoft.com/ja-jp/sql/ssms/scripting/search-text-with-regular-expressions

```
| 3.777   |
+---------+
```

この数値の列に文字列関数の LENGTH（SQL Server では LEN）を適用すると、ほとんどの RDBMS では、エラーが発生せずに文が実行されます。

```sql
SELECT LENGTH(numbers) AS len_num
FROM my_table;

-- MySQL、Oracle、SQL Server、SQLite の結果
+---------+
| len_num |
+---------+
|       4 |
|       3 |
|       5 |
+---------+

-- PostgreSQL の結果
エラー
```

PostgreSQL では、数値の列を文字列の列に、明示的に CAST する必要があります。

```sql
SELECT LENGTH(CAST(numbers AS CHAR(5))) AS len_num
FROM my_table;

 len_num
---------
       4
       3
       5
```

 CAST を使用しても、列のデータ型は永続的には変更されず、クエリーの間だけ変更されます。列のデータ型を永続的に変更するには、ALTER TABLE 文を使ってテーブルを変更します（「5.3.4.3　テーブルの制約を変更する」）。

7.5　日時関数

日時関数は、日時データ型の列に適用できます。このセクションでは、SQL でよく使われる日時関数について説明します。

7.5.1 現在の日付または時刻を返す

次の文は、現在の日付、現在の時刻、現在の日時を返します。

```
-- MySQL、PostgreSQL、SQLite
SELECT CURRENT_DATE;
SELECT CURRENT_TIME;
SELECT CURRENT_TIMESTAMP;

-- Oracle
SELECT CURRENT_DATE FROM dual;
SELECT CAST(CURRENT_TIMESTAMP AS TIME) FROM dual;
SELECT CURRENT_TIMESTAMP FROM dual;

-- SQL Server
SELECT CAST(CURRENT_TIMESTAMP AS DATE);
SELECT CAST(CURRENT_TIMESTAMP AS TIME);
SELECT CURRENT_TIMESTAMP;
```

ただし、SQLiteでは、UTC（協定世界時）での日付や時刻が返されるので注意してください。つまり、日本時間より9時間前の日付および時刻になります。日本時間での現在の日付や時刻を表示するには、次のようにします。

```
-- SQLite
SELECT DATE(CURRENT_TIMESTAMP, 'localtime');
SELECT TIME(CURRENT_TIMESTAMP, 'localtime');
SELECT DATETIME(CURRENT_TIMESTAMP, 'localtime');
```

このほかにも、MySQLの CURDATE()、SQL Serverの GETDATE() など、これらと同等の多くの関数があります。

次の3つの状況は、これらの関数の実際の使い方を示しています。

現在の時刻を表示します。

```
SELECT CURRENT_TIME;

+--------------+
| current_time |
+--------------+
| 20:53:35     |
+--------------+
```

作成日時を記録するテーブルを作成します。

```
CREATE TABLE my_table
       (id INT,
       creation_datetime TIMESTAMP DEFAULT
                           CURRENT_TIMESTAMP);

INSERT INTO my_table (id)
       VALUES (1), (2), (3);

SELECT * FROM my_table;

    +------+---------------------+
    | id   | creation_datetime   |
    +------+---------------------+
    |    1 | 2021-02-15 20:57:12 |
    |    2 | 2021-02-15 20:57:12 |
    |    3 | 2021-02-15 20:57:12 |
    +------+---------------------+
```

特定の日時（ここでは現在の日時）よりも前のデータ行をすべて検索します。

```
SELECT *
FROM   my_table
WHERE  creation_datetime < CURRENT_TIMESTAMP;

    +------+---------------------+
    | id   | creation_datetime   |
    +------+---------------------+
    |    1 | 2021-02-15 20:57:12 |
    |    2 | 2021-02-15 20:57:12 |
    |    3 | 2021-02-15 20:57:12 |
    +------+---------------------+
```

7.5.2　日付間隔や時間間隔の加算と減算

日付や時刻の値に対して、さまざまな時間間隔（年数、月数、日数、時間数、分数、秒数など）を足したり引いたりすることができます。

表7-14 は、現在の日付から1日分引く方法を示しています。

表7-14　昨日の日付を返す

RDBMS	コード
MySQL	SELECT CURRENT_DATE - INTERVAL 1 DAY; SELECT SUBDATE(CURRENT_DATE, 1); SELECT DATE_SUB(CURRENT_DATE, INTERVAL 1 DAY);
Oracle	SELECT CURRENT_DATE - INTERVAL '1' DAY FROM dual;
PostgreSQL	SELECT CAST(CURRENT_DATE - INTERVAL '1 day' AS DATE);

表7-14 昨日の日付を返す（続き）

RDBMS	コード
SQL Server	`SELECT CAST(CURRENT_TIMESTAMP - 1 AS DATE);` `SELECT DATEADD(DAY, -1, CAST(CURRENT_TIMESTAMP AS DATE));`
SQLite	`SELECT DATE(CURRENT_DATE, '-1 day');`

SQLite では、CURRENT_DATE が UTC での日付を返すので注意してください。日本時間での値を求めるには、次のようにします。

```
-- SQLite
SELECT DATE(CURRENT_TIMESTAMP, '-1 day', 'localtime');
```

表7-15 は、現在の日時に3時間分足す方法を示しています。

表7-15 現在から3時間後の日時を返す

RDBMS	コード

MySQL	`SELECT CURRENT_TIMESTAMP + INTERVAL 3 HOUR;`
	`SELECT ADDDATE(CURRENT_TIMESTAMP, INTERVAL 3 HOUR);`
	`SELECT DATE_ADD(CURRENT_TIMESTAMP, INTERVAL 3 HOUR);`

Oracle	`SELECT CURRENT_TIMESTAMP + INTERVAL '3' HOUR FROM dual;`
PostgreSQL	`SELECT CURRENT_TIMESTAMP + INTERVAL '3 hours';`
SQL Server	`SELECT DATEADD(HOUR, 3, CURRENT_TIMESTAMP);`
SQLite	`SELECT DATETIME(CURRENT_TIMESTAMP, '+3 hours');`

SQLite では、CURRENT_TIMESTAMP が UTC での日時を返すので注意してください。日本時間での値を求めるには、次のようにします。

```
-- SQLite
SELECT DATETIME(CURRENT_TIMESTAMP, '+3 hours', 'localtime');
```

7.5.3　2つの日付または時刻の差を求める

2つの日付、時刻、日時の差を、さまざまな時間間隔（年数、月数、日数、時間数、分数、秒数など）を単位として求めることができます。

7.5.3.1　日付の差を求める

表7-16 は、開始日（start_date）と終了日（end_date）が与えられている場合に、それらの間の日数を求める方法を示しています。

たとえば、次のようなテーブルがあるとしましょう。

```
+------------+------------+
| start_date | end_date   |
+------------+------------+
| 2016-10-10 | 2020-11-11 |
| 2019-03-03 | 2021-04-04 |
+------------+------------+
```

表7-16　2つの日付の間の日数

RDBMS	コード
MySQL	`SELECT DATEDIFF(end_date, start_date) AS day_diff` `FROM my_table;`
Oracle	`SELECT (end_date - start_date) AS day_diff` `FROM my_table;`
PostgreSQL	`SELECT AGE(end_date, start_date) AS day_diff` `FROM my_table;`
SQL Server	`SELECT DATEDIFF(day, start_date, end_date) AS day_diff` `FROM my_table;`

SQLite	`SELECT (julianday(end_date) - julianday(start_date))`
	`          AS day_diff`
	`FROM my_table;`

これらのコードを実行すると、次のような結果になります。

```
-- MySQL、Oracle、SQL Server、SQLite
+----------+
| day_diff |
+----------+
|     1493 |
|      763 |
+----------+

-- PostgreSQL
       day_diff
--------------------
 4 years 1 mon 1 day
 2 years 1 mon 1 day
```

7.5.3.2　時刻の差を求める

表7-17 は、開始時刻（start_time）と終了時刻（end_time）が与えられている
場合に、それらの間の秒数を求める方法を示しています。

次のようなテーブルがあるとしましょう。

```
+-----------+----------+
| start_time | end_time |
+-----------+----------+
| 10:30:00  | 11:30:00 |
| 14:50:32  | 15:22:45 |
+-----------+----------+
```

表7-17 2つの時刻の間の秒数

RDBMS	コード
MySQL	`SELECT TIMEDIFF(end_time, start_time) AS time_diff` `FROM my_table;`
Oracle	時刻データ型なし

PostgreSQL	`SELECT EXTRACT(epoch FROM end_time - start_time)`
	`        AS time_diff`
	`FROM my_table;`

SQL Server	`SELECT DATEDIFF(second, start_time, end_time)`
	`        AS time_diff`
	`FROM my_table;`

SQLite	`SELECT (strftime('%s',end_time) -`
	`        strftime('%s',start_time)) AS time_diff`
	`FROM my_table;`

これらのコードを実行すると、次のような結果になります。

```
-- MySQL
+-----------+
| time_diff |
+-----------+
| 01:00:00  |
| 00:32:13  |
+-----------+

-- PostgreSQL、SQL Server、SQLite
 time_diff
-----------
 3600
 1933
```

7.5.3.3 日時の差を求める

表7-18 は、開始日時（start_dt）と終了日時（end_dt）が与えられている場合

に、それらの間の時間数を求める方法を示しています。

次のようなテーブルがあるとしましょう。

```
+---------------------+---------------------+
| start_dt            | end_dt              |
+---------------------+---------------------+
| 2016-10-10 10:30:00 | 2020-11-11 11:30:00 |
| 2019-03-03 14:50:32 | 2021-04-04 15:22:45 |
+---------------------+---------------------+
```

表7-18　2つの日時の間の時間数

RDBMS	コード

MySQL	`SELECT TIMESTAMPDIFF(hour, start_dt, end_dt)`
	`        AS hour_diff`
	`FROM my_table;`

Oracle	`SELECT (end_dt - start_dt) AS hour_diff` `FROM my_table;`
PostgreSQL	`SELECT AGE(end_dt, start_dt) AS hour_diff` `FROM my_table;`
SQL Server	`SELECT DATEDIFF(hour, start_dt, end_dt) AS hour_diff` `FROM my_table;`

SQLite	`SELECT ((julianday(end_dt) - julianday(start_dt))*24)`
	`        AS hour_diff`
	`FROM my_table;`

これらのコードを実行すると、次のような結果になります。

```
-- MySQL、SQL Server、SQLite
+-----------+
| hour_diff |
+-----------+
|     35833 |
|     18312 |
+-----------+

-- Oracle
HOUR_DIFF
---------------------------
+000001493 01:00:00.000000
+000000763 00:32:13.000000

-- PostgreSQL
        hour_diff
-----------------------------
 4 years 1 mon 1 day 01:00:00
```

```
2 years 1 mon 1 day 00:32:13
```

PostgreSQL の表示結果は、とても長くなります。

```
SELECT AGE(end_dt, start_dt)
FROM my_table;

            age
-------------------------------
 4 years 1 mon 1 day 01:00:00
 2 years 1 mon 1 day 00:32:13
```

年のフィールドだけを抜き出すには、EXTRACT 関数を使います。

```
SELECT EXTRACT(year FROM
               AGE(end_dt, start_dt))
FROM my_table;

 extract
---------
       4
       2
```

7.5.4　日付や時刻の一部を抽出する

　日付や時刻の値から（月や時などの）時間の単位を抽出する方法は、いくつかあります。**表7-19** は、それを行うための方法、具体的に言うと月（month）を抽出する方法を示しています。

表7-19　日付から月を抽出する

RDBMS	コード
MySQL	SELECT EXTRACT(month FROM CURRENT_DATE);
	SELECT MONTH(CURRENT_DATE);
Oracle	SELECT EXTRACT(month FROM CURRENT_DATE) FROM dual;
PostgreSQL	SELECT EXTRACT(month FROM CURRENT_DATE);
	SELECT DATE_PART('month', CURRENT_DATE);
SQL Server	SELECT DATEPART(month, CURRENT_TIMESTAMP);
	SELECT MONTH(CURRENT_TIMESTAMP);
SQLite	SELECT strftime('%m', CURRENT_DATE);

　SQLite では、CURRENT_DATE や CURRENT_TIMESTAMP が UTC での日付や時刻を返すので、注意してください。日本時間での値を求めるには、次のようにします。

```
-- SQLite
SELECT strftime('%m', CURRENT_TIMESTAMP, 'localtime');
```

MySQL と SQL Server は、**表7-19** に示した MONTH( ) のように、それぞれの時間単位に特化した関数をサポートしています。

- MySQL は、YEAR( )、QUARTER( )、MONTH( )、WEEK( )、DAY( )、HOUR( )、MINUTE( )、SECOND( ) をサポートしています。
- SQL Server は、YEAR( )、MONTH( )、DAY( ) をサポートしています。

表7-19 で示した month や %m という値は、別の時間単位に置き換えることができます。**表7-20** は、それぞれの RDBMS で認められている時間単位を示しています。

表7-20　時間単位の選択肢

MySQL	Oracle	PostgreSQL	SQL Server	SQLite
microsecond（マイクロ秒）	second	microsecond	nanosecond（ナノ秒）	%f（小数秒）
second（秒）	minute	millisecond（ミリ秒）	microsecond	%S（秒）
minute（分）	hour	second	millisecond	%s（1970-01-01 からの秒数）
hour（時）	day	minute	second	%M（分）
day（日）	month	hour	minute	%H（時）
week（週）	year	day	hour	%J（ユリウス日数）
month（月）		dow（曜日）	week	%w（曜日）
quarter（四半期）		week	weekday（曜日）	%d（日）
year（年）		month	day	%j（年間通算日）
		quarter	dayofyear（年間通算日）	%W（年間の週番号）
		year	month	%m（月）
		decade（10 年）	quarter	%Y（年）
		century（世紀）	year	

文字列値から時間単位を抽出することもできます。そのためのコードは、**表7-28** を参照してください。

7.5.5　日付の曜日を判別する

日付が与えられると、その曜日を割り出すことができます。

- 日付―― 2020-03-16
- 曜日を表す数値―― 2（日曜日が 1）
- 曜日―― Monday（月曜日）

表7-21 のコードは、与えられた日付の曜日を表す数値を返します。最も小さい値が日曜日、2 番目に小さい値が月曜日、といった具合になります。

表7-21　曜日の数値を返す

RDBMS	コード	値の範囲
MySQL	SELECT DAYOFWEEK('2020-03-16');	1～7
Oracle	SELECT TO_CHAR(DATE '2020-03-16', 'd') FROM dual;	1～7
PostgreSQL	SELECT DATE_PART('dow', DATE '2020-03-16');	0～6
SQL Server	SELECT DATEPART(weekday, '2020-03-16');	1～7
SQLite	SELECT strftime('%w', '2020-03-16');	0～6

表7-22 のコードは、与えられた日付の曜日を返します。

表7-22　曜日を返す

RDBMS	コード
MySQL	SELECT DAYNAME('2020-03-16');
Oracle	SELECT TO_CHAR(DATE '2020-03-16', 'day') FROM dual;
PostgreSQL	SELECT TO_CHAR(DATE '2020-03-16', 'day');
SQL Server	SELECT DATENAME(weekday, '2020-03-16');
SQLite	なし

7.5.6　日付を最も近い時間単位に丸める

Oracle と PostgreSQL は、日付の切り捨てをサポートしています。Oracle は、日付の四捨五入もサポートしています。

7.5.6.1　Oracle での丸め

Oracle は、最も近い年（year）、月（month）、日（day：週の最初の日）などへの、日付の四捨五入と切り捨てをサポートしています。

日付を最も近い月（の最初の日）に切り捨てるには、次のようにします。

```
SELECT TRUNC(DATE '2020-02-25', 'month')
FROM   dual;
```

```
20-02-01
```

日付を最も近い月に四捨五入するには、次のようにします。

```
SELECT ROUND(DATE '2020-02-25', 'month')
FROM   dual;
```

```
20-03-01
```

7.5.6.2　PostgreSQL での丸め

　PostgreSQL は、最も近い年（year）、四半期（quarter）、月（month）、週（week：週の最初の日）、日（day）、時（hour）、分（minute）、秒（second）などへの、日付の切り捨てをサポートしています。その他の時間単位については、PostgreSQL のドキュメント（https://oreil.ly/OONv8）を参照してください。

　日付を最も近い月（の最初の日）に切り捨てるには、次のようにします。

```
SELECT DATE_TRUNC('month', DATE '2020-02-25');
```

```
2020-02-01 00:00:00+09
```

時刻を最も近い分に切り捨てるには、次のようにします。

```
SELECT DATE_TRUNC('minute', TIME '10:30:59.12345');
```

```
10:30:00
```

7.5.7　文字列を日時データ型に変換する

文字列を日時データ型に変換するには、2 つの方法があります。

- 標準フォーマットの場合には、CAST 関数を使用する
- 標準以外のフォーマットの場合には、STR_TO_DATE/TO_DATE/CONVERT の各関数を使用する

7.5.7.1　CAST 関数

　文字列の列が標準フォーマットの日付値を含んでいる場合は、CAST 関数を使って日付データ型に変換できます。

表7-23 は、日付データ型に変換するためのコードを示しています。

表7-23 文字列を日付に変換する

RDBMS	要求される日付フォーマット	コード
MySQL、PostgreSQL、SQL Server	YYYY-MM-DD	SELECT CAST('2020-10-15' AS DATE);
Oracle	YYYY-MM-DD	SELECT CAST('2020-10-15' AS DATE) FROM dual;
SQLite	YYYY-MM-DD	SELECT DATE('2020-10-15');

表7-24 は、時刻データ型に変換するためのコードを示しています。

表7-24 文字列を時刻に変換する

RDBMS	要求される時刻フォーマット	コード
MySQL、PostgreSQL、SQL Server	hh:mm:ss	SELECT CAST('14:30' AS TIME);
Oracle	hh:mm:ss	SELECT CAST('14:30' AS TIME) FROM dual;
SQLite	hh:mm:ss	SELECT TIME('14:30');

表7-25 は、日時データ型に変換するためのコードを示しています。

表7-25 文字列を日時に変換する

RDBMS	要求される日時フォーマット	コード
MySQL、SQL Server	YYYY-MM-DD hh:mm:ss	SELECT CAST('2020-10-15 14:30' AS DATETIME);
Oracle	YYYY-MM-DD hh:mm:ss	SELECT CAST('2020-10-15 14:30' AS TIMESTAMP) FROM dual;
PostgreSQL	YYYY-MM-DD hh:mm:ss	SELECT CAST('2020-10-15 14:30' AS TIMESTAMP);
SQLite	YYYY-MM-DD hh:mm:ss	SELECT DATETIME('2020-10-15 14:30');

CAST 関数は、日付を数値データ型や文字列データ型に変換するためにも使われます。

7.5.7.2 STR_TO_DATE 関数、TO_DATE 関数、CONVERT 関数

YYYY-MM-DD や hh:mm:ss という標準フォーマットではない日付や時刻について
は、CAST 関数の代わりに、文字列から日付や時刻への変換関数を使います。

表7-26 は、それぞれの RDBMS で、文字列から日付に変換する関数と文字列から
時刻に変換する関数を示しています。コード内のサンプルの文字列は、MM-DD-YY お
よび hhmm という非標準フォーマットです。

表7-26　文字列から日付への変換関数と文字列から時刻への変換関数

RDBMS	文字列から日付へ	文字列から時刻へ
MySQL	SELECT STR_TO_DATE('10-15-22', '%m-%d-%y');	SELECT STR_TO_DATE('1030', '%H%i');
Oracle	SELECT TO_DATE('10-15-22', 'MM-DD-YY') FROM dual;	SELECT TO_TIMESTAMP('1030', 'HH24MI') FROM dual;
PostgreSQL	SELECT TO_DATE('10-15-22', 'MM-DD-YY');	SELECT TO_TIMESTAMP('1030', 'HH24MI');
SQL Server	SELECT CONVERT(DATE, '10-15-22', 10);	SELECT CAST(CONCAT(10,':',30) AS TIME);
SQLite	非標準日付の変換関数なし	非標準時刻の変換関数なし

SQL Server では、CONVERT 関数を使って、文字列を日時データ型に変換しま
す。DATE は変換後のデータ型、10-15-22 は日付の文字列、10 は MM-DD-YY
というフォーマットを表します。

その他の日付フォーマットには、MM/DD/YYYY（101）、YYYY.MM.DD（102）、
DD/MM/YYYY（103）、YYYY/MM/DD（111）などがあります。フォーマットの詳
細については、Microsoft のドキュメント（https://oreil.ly/qYOIH）[7]を参照
してください。

時刻のフォーマットには、hh:mi:ss（108）と hh:mi:ss:mmm（114）があり
ますが、どちらも**表7-26** のサンプル文字列のフォーマットとは一致しません。
CONVERT を使ってその時刻を変換できないのは、そのためです。

表7-26 の %H%i や HH24MI という値を、その他の時間単位に置き換えることがで

---

†7　訳注：日本語ページには、次の URL でアクセスできます。
　　https://learn.microsoft.com/ja-jp/sql/t-sql/functions/cast-and-convert-transact-sql

きます。**表7-27** は、MySQL、Oracle、PostgreSQL でよく使われるフォーマット
指定子を示しています。

表7-27 日時フォーマット指定子

MySQL	Oracle、PostgreSQL	説明
%Y	YYYY	4 桁の年
%y	YY	2 桁の年
%m	MM	月（1〜12）
%b	MON	短縮形の月名（Jan〜Dec または 1 月〜12 月）
%M	MONTH	月名（January〜December または 1 月〜12 月）
%d	DD	日（1〜31）
%h	HH または HH12	12 時間制の時（1〜12）
%H	HH24	24 時間制の時（0〜23）
%i	MI	分（0〜59）
%s	SS	秒（0〜59）

7.5.7.3 日時関数を文字列の列に適用する

たとえば、次のような文字列の列があるとしましょう。

```
str_column
-----------
10/15/2022
10/16/2023
10/17/2024
```

それぞれの日付から年を抽出したいとします。

```
year_column
-----------
       2022
       2023
       2024
```

問題点

　文字列の列（str_column）に対しては、日時関数（EXTRACT）を使うことが
できません。

解決策

　文字列の列を日付の列に変換し、その後で日時関数を適用します。**表7-28** は、
それぞれの RDBMS でそれを行うための方法を示しています。

表 7-28　文字列から年を抽出する

RDBMS	コード
MySQL	`SELECT YEAR(STR_TO_DATE(str_column, '%m/%d/%Y'))` `FROM my_table;`

Oracle、
PostgreSQL
	`SELECT EXTRACT(year FROM`
	`       TO_DATE(str_column, 'MM/DD/YYYY'))`
	`FROM my_table;`

SQL Server	`SELECT YEAR(CONVERT(DATE, str_column, 101))` `FROM my_table;`
SQLite	`SELECT SUBSTR(str_column, 7) FROM my_table;`

SQLite には該当する変換関数がないので、回避策として、部分文字列を抜き出す SUBSTR 関数を使って、末尾の 4 桁の数字を抽出します。

7.6　NULL 関数

NULL 関数は、どの型の列にも適用することができ、NULL 値が現れた場合に機能します。

7.6.1　NULL 値が存在する場合に代わりの値を返す

COALESCE 関数を使います。

次のようなテーブルがあるとしましょう。

```
+------+----------+
| id   | greeting |
+------+----------+
|    1 | hi there |
|    2 | hello!   |
|    3 | NULL     |
+------+----------+
```

あいさつが存在しない場合（greeting の値が NULL の場合）は、hi を返します。

```
SELECT COALESCE(greeting, 'hi') AS greeting
FROM my_table;
```

MySQL と SQLite では、IFNULL(greeting, 'hi') も使えます。

Oracle では、NVL(greeting, 'hi') も使えます。

SQL Server では、ISNULL(greeting, 'hi') も使えます。

8章
高度なクエリーの概念

　「4章　クエリーの基礎」では6個の主要な句について、「7章　演算子と関数」では
よく使われるキーワードについてそれぞれ解説しましたが、この章では、SQLクエ
リーを使ってデータの整形や加工を行うためのより高度な方法について解説します。
　表8-1 は、この章で扱う4つの概念に関する説明とコード例を示したものです。

表8-1　高度なクエリーの概念

概念	説明	コード例

CASE文	条件に合致すると特定の値を返す。そうでなければ、別の値を返す	`SELECT house_id,`
		`  CASE WHEN flg = 1`
		`  THEN 'for sale'`
		`  ELSE 'sold' END`
		`FROM houses;`

グループ化と集約	データをグループに分割し、各グループ内のデータを集計し、それぞれの「グループ」についての値を返す	`SELECT zip, AVG(ft)`
		`FROM houses`
		`GROUP BY zip;`

ウィンドウ関数	データをグループに分割し、各グループ内のデータを集計または順序付けし、それぞれの「行」についての値を返す	`SELECT zip,`
		`  ROW_NUMBER() OVER`
		`  (PARTITION BY zip`
		`  ORDER BY price)`
		`FROM houses;`

ピボットとピボット解除	1つの列の値を複数の列に変換する、または複数の列を1つの列に統合する。OracleとSQL Serverでサポートされている	`-- Oracle の構文`
		`SELECT *`
		`FROM listing_info`
		`PIVOT`
		`  (COUNT(*) FOR`
		`  room IN ('bd','br'));`

　この章では、**表8-1** のそれぞれの概念について、よく使われる事例とともに詳しく

説明します。

8.1 CASE 文

CASE 文は、クエリー内で if-else ロジックを利用するために使われます。たとえば、1 が現れたら vip と表示し、そうでなければ general admission と表示するといった具合に、CASE 文を使って値を詳しく説明することができます。

```
+--------+          +--------------------+
| ticket |          | ticket             |
+--------+          +--------------------+
|     1 |           | vip                |
|     0 |    -->    | general admission  |
|     1 |           | vip                |
+--------+          +--------------------+
```

Oracle では、DECODE 関数を目にすることもあるでしょう。これは、CASE 文と同様の働きをする古い関数です。

CASE 文を使うと、クエリーの間だけ一時的に値が変更されます。変更された値を保存するには、UPDATE 文を使います。

次の 2 つのセクションでは、2 つのタイプの CASE 文について解説します。

- 単一列のデータに関する単純 CASE 文
- 複数列のデータに関する検索 CASE 文

8.1.1 単一列に関して、if-else ロジックを基に値を表示する

1 つの列の中で、データがある値と等しいかどうかをチェックするには、**単純 CASE 文**（simple CASE statement）の構文を使います。

目的：
1/0/NULL という値を表示する代わりに、vip/reserved seating/general admission という値を表示する。

- flag = 1 であれば、ticket = vip
- flag = 0 であれば、ticket = reserved seating
- それ以外であれば、ticket = general admission

次のようなテーブルがあるとしましょう。

```
SELECT * FROM concert;

+-------+------+
| name  | flag |
+-------+------+
| anton |    1 |
| julia |    0 |
| maren |    1 |
| sarah | NULL |
+-------+------+
```

単純 CASE 文を使って、if-else ロジックを実装します。

```
SELECT name, flag,
    CASE flag WHEN 1 THEN 'vip'
    WHEN 0 THEN 'reserved seating'
    ELSE 'general admission' END AS ticket
FROM concert;

+-------+------+-------------------+
| name  | flag | ticket            |
+-------+------+-------------------+
| anton |    1 | vip               |
| julia |    0 | reserved seating  |
| maren |    1 | vip               |
| sarah | NULL | general admission |
+-------+------+-------------------+
```

どの WHEN 句にもマッチせず、ELSE の値も指定されていない場合は、NULL が返されます。

8.1.2　複数列に関して、if-else ロジックを基に値を表示する

複数の列について何らかの条件（=、<、IN、IS NULL など）をチェックするには、**検索 CASE 文**（searched CASE statement）の構文を使います。

目的：

1/0/NULL という値を表示する代わりに、vip/reserved seating/general admission という値を表示する。

- name = anton であれば、ticket = vip
- flag = 0 または flag = 1 であれば、ticket = reserved seating
- それ以外であれば、ticket = general admission

次のようなテーブルがあるとしましょう。

```sql
SELECT * FROM concert;
```

```
+-------+------+
| name  | flag |
+-------+------+
| anton |    1 |
| julia |    0 |
| maren |    1 |
| sarah | NULL |
+-------+------+
```

検索 CASE 文を使って、if-else ロジックを実装します。

```sql
SELECT name, flag,
    CASE WHEN name = 'anton' THEN 'vip'
    WHEN flag IN (0,1) THEN 'reserved seating'
    ELSE 'general admission' END AS ticket
FROM concert;
```

```
+-------+------+-------------------+
| name  | flag | ticket            |
+-------+------+-------------------+
| anton |    1 | vip               |
| julia |    0 | reserved seating  |
| maren |    1 | reserved seating  |
| sarah | NULL | general admission |
+-------+------+-------------------+
```

複数の条件に合致する場合は、最初にリストされている条件が優先されます。

列内のすべての NULL 値を別の値に置き換える場合は、CASE 文も利用できますが、NULL 関数の COALESCE を使うほうが一般的です。

8.2　グループ化と集約

SQL では、データの行をグループに分け、各グループ内の行を何らかの方法で集約し、最終的にグループごとに 1 つの行だけを返すことができます。

表8-2 は、データのグループ化と集約に関する概念を示したものです。

表8-2　グループ化と集約の概念

カテゴリー	キーワード	説明
基本となる概念	GROUP BY	GROUP BY 句を使って、データの行をグループに分割する
各グループ内の行を集約する方法	COUNT SUM MIN MAX AVG	これらの集計関数は、複数行のデータを 1 つの値に集約する
	ARRAY_AGG GROUP_CONCAT LISTAGG STRING_AGG	これらの関数は、複数行のデータを 1 つのリストにまとめる
GROUP BY 句の拡張機能	ROLLUP CUBE	小計と総計の行を含める グループ化された列のすべての組み合わせに関する集計を含める
	GROUPING SETS	表示したい特定のグループを指定する

8.2.1　GROUP BY の基礎

次のテーブルは、2 人の人が消費したカロリーを示しています。

```
SELECT * FROM workouts;

+------+----------+
| name | calories |
+------+----------+
| ally |       80 |
| ally |       75 |
| ally |       90 |
```

```
| jess |     100 |
| jess |      92 |
+------+---------+
```

集計テーブルを作成するには、次の点について決める必要があります。

1. データをグループ化する方法

   すべての name の値を、2 つのグループ —— ally と jess —— に分ける。

2. グループ内のデータを集計する方法

   各グループ内の calories の合計を求める。

GROUP BY 句を使って、集計テーブルを作成します。

```sql
SELECT name,
       SUM(calories) AS total_calories
FROM workouts
GROUP BY name;
```

```
+------+----------------+
| name | total_calories |
+------+----------------+
| ally |            245 |
| jess |            192 |
+------+----------------+
```

　GROUP BY が舞台裏でどのように動作するかについての詳細は、「4.4　GROUP BY 句」を参照してください。

8.2.1.1　複数列によるグループ化

　次のテーブルは、日々のワークアウトの中で 2 人が消費したカロリーを示しています。

```sql
SELECT * FROM daily_workouts;
```

```
+------+------+------------+----------+
| id   | name | dw_date    | calories |
+------+------+------------+----------+
|    1 | ally | 2021-03-03 |       80 |
|    1 | ally | 2021-03-04 |       75 |
|    1 | ally | 2021-03-05 |       90 |
|    2 | jess | 2021-03-03 |      100 |
|    2 | jess | 2021-03-05 |       92 |
+------+------+------------+----------+
```

GROUP BY 句を使って、複数の列によってグループ化するクエリーや、複数の集計を含むクエリーを書く場合、

- SELECT 句には、出力したいすべての「列名」と「集計」を含めます。
- GROUP BY 句には、SELECT 句と同じ「列名」を含めます。

たとえば、GROUP BY 句を使って各人の統計データを集約し、id と name に加えて2つの集計を返すには、次のようにします。

```
SELECT id, name,
       COUNT(dw_date) AS workouts,
       SUM(calories) AS calories
FROM daily_workouts
GROUP BY id, name;

+------+------+----------+----------+
| id   | name | workouts | calories |
+------+------+----------+----------+
|    1 | ally |        3 |      245 |
|    2 | jess |        2 |      192 |
+------+------+----------+----------+
```

効率を上げるために GROUP BY のリストを減らす

それぞれの id が 1 つの name と結びついていることがわかっている場合は、GROUP BY 句から name 列を除外しても、前のクエリーと同じ結果が得られます。

```
SELECT id,
       MAX(name) AS name,
       COUNT(dw_date) AS workouts,
       SUM(calories) AS calories
FROM daily_workouts
GROUP BY id;
```

このクエリーは、id 列についてだけ GROUP BY を行えばよいので、より効率よく実行されます。

GROUP BY 句から name を除外した代わりに、SELECT 句の中で name 列に集計関数 (MAX) を適用していることに気がつくでしょう。id による各グループの中では name の値は 1 つしかないので、MAX(name) によって、それぞれの id に結びつけられた name が単に返されます。

8.2.2　複数の行を 1 つの値またはリストに集約する

　GROUP BY 句を使う場合は、各グループ内のデータ行をどのように集約すべきかを、次のいずれかを使って指定する必要があります。

- 複数の行を 1 つの値に集約する集計関数—— COUNT、SUM、MIN、MAX、AVG
- 複数の行を 1 つのリストに集約する関数——**表8-3** に示す、GROUP_CONCAT などの関数

後者の例について説明します。たとえば、次のようなテーブルがあるとしましょう。

```
SELECT * FROM workouts;

+------+----------+
| name | calories |
+------+----------+
| ally |       80 |
| ally |       75 |
| ally |       90 |
| jess |      100 |
| jess |       92 |
+------+----------+
```

MySQL の GROUP_CONCAT を使って、カロリーのリストを作成します。

```
SELECT name,
       GROUP_CONCAT(calories) AS calories_list
FROM workouts
GROUP BY name;

+------+---------------+
| name | calories_list |
+------+---------------+
| ally | 80,75,90      |
| jess | 100,92        |
+------+---------------+
```

　GROUP_CONCAT 関数は、RDBMS によって異なります。**表8-3** に、それぞれの RDBMS でサポートされている構文を示します。

表8-3 それぞれの RDBMS で、複数の行を 1 つのリストに集約する方法

RDBMS	コード	デフォルトの区切り文字
MySQL	GROUP_CONCAT(calories) GROUP_CONCAT(calories SEPARATOR ',')	カンマ（,）
Oracle	LISTAGG(calories) LISTAGG(calories, ',')	なし
PostgreSQL	ARRAY_AGG(calories)	カンマ（,）
SQL Server	STRING_AGG(calories, ',')	区切り文字の指定が必須
SQLite	GROUP_CONCAT(calories) GROUP_CONCAT(calories, ',')	カンマ（,）

　MySQL、Oracle、SQLite では、区切り文字の部分（','）は省略可能です。PostgreSQL は区切り文字を受け付けませんし、SQL Server では区切り文字は必須です。

　また、ソートされた値のリストや一意の値のリストを返すこともできます。**表8-4**に、それぞれの RDBMS でサポートされている構文を示します。

表8-4 それぞれの RDBMS で、ソートされた値のリストや一意の値のリストを返す方法

RDBMS	ソートされたリスト	一意のリスト
MySQL	GROUP_CONCAT(calories **ORDER BY calories**)	GROUP_CONCAT(**DISTINCT** calories)
Oracle	LISTAGG(calories, ',') **WITHIN GROUP (ORDER BY calories)**	LISTAGG(**DISTINCT** calories, ',')
PostgreSQL	ARRAY_AGG(calories **ORDER BY calories**)	ARRAY_AGG(**DISTINCT** calories)
SQL Server	STRING_AGG(calories, ',') **WITHIN GROUP (ORDER BY calories)**	サポートされていない
SQLite	サポートされていない	GROUP_CONCAT(**DISTINCT** calories)

8.2.3 ROLLUP、CUBE、GROUPING SETS

　GROUP BY に加えて、ROLLUP、CUBE、GROUPING SETS というキーワードを指定することで、追加の集計情報を含めることができます。

　次のテーブルは、3つの月にわたる5回の支出（spending）を示しています。

```
SELECT * FROM spendings;

YEAR  MONTH  AMOUNT
----- ------ -------
2019    1      20
2019    1      30
2020    1      42
2020    2      37
2020    2     100
```

このセクションで紹介する例は、次の GROUP BY の例を基にしています。このクエリーは、月ごとの支出の合計を返します。

```
SELECT year, month,
       SUM(amount) AS total
FROM spendings
GROUP BY year, month
ORDER BY year, month;

YEAR  MONTH  TOTAL
----- ------ ------
2019    1      50
2020    1      42
2020    2     137
```

8.2.3.1 ROLLUP

MySQL、Oracle、PostgreSQL、SQL Server は、ROLLUP をサポートしています。これは、GROUP BY 句を拡張して、小計と総計の行を追加します。

ROLLUP を使って、年ごとの支出と総支出も表示してみましょう。ROLLUP を追加することで、2019 年と 2020 年の支出、および総支出の行が追加されます。

```
-- Oracle、PostgreSQL
SELECT year, month,
       SUM(amount) AS total
FROM spendings
GROUP BY ROLLUP(year, month)
ORDER BY year, month;

-- SQL Server
SELECT year, month,
       SUM(amount) AS total
FROM spendings
GROUP BY ROLLUP(year, month);
```

```
-- MySQL、SQL Server
SELECT year, month,
       SUM(amount) AS total
FROM spendings
GROUP BY year, month WITH ROLLUP;

YEAR  MONTH  TOTAL
----- ------ ------
2019    1     50
2019          50  -- 2019 年の支出
2020    1     42
2020    2    137
2020         179  -- 2020 年の支出
             229  -- 総支出
```

GROUP BY ROLLUP という構文は、Oracle、PostgreSQL、SQL Server で動作します[1]。MySQL での構文は GROUP BY year, month WITH ROLLUP であり、これは SQL Server でも動作します。

8.2.3.2 CUBE

Oracle、PostgreSQL、SQL Server は、CUBE をサポートしています。これは、ROLLUP を拡張し、総計のほかに、グループ化している列のすべての組み合わせに関する小計を追加します。

CUBE を使って、月ごとの支出（複数の年にわたる同じ月の合計）を加えて表示してみましょう。CUBE を指定することで、1 月と 2 月の支出の行が追加されます（SQL Server では表示順が異なります）。

```
-- Oracle、PostgreSQL
SELECT year, month,
       SUM(amount) AS total
FROM spendings
GROUP BY CUBE(year, month)
ORDER BY year, month;

YEAR  MONTH  TOTAL
----- ------ ------
2019    1     50
2019          50  -- 2019 年の支出
```

---

[1] 訳注：SQL Server では NULL がソート順の先頭になるので、Oracle や PostgreSQL のコードと同様に ORDER BY 句を指定すると、総支出の行が先頭に表示されます。以下、2019 年の支出、2019 年の各データ、2020 年の支出、2020 年の各データの順に表示されます。

```
2020      1      42
2020      2     137
2020            179 -- 2020 年の支出
          1      92 -- 1 月の支出
          2     137 -- 2 月の支出
                229 -- 総支出
```

```
-- SQL Server
SELECT year, month,
       SUM(amount) AS total
FROM spendings
GROUP BY CUBE(year, month);

YEAR  MONTH  TOTAL
----- ------ ------
2019    1     50
2020    1     42
        1     92 -- 1 月の支出
2020    2    137
        2    137 -- 2 月の支出
             229 -- 総支出
2019         50 -- 2019 年の支出
2020        179 -- 2020 年の支出
```

GROUP BY CUBE という構文は、Oracle、PostgreSQL、SQL Server で動作します[†2]。SQL Server は、GROUP BY year, month WITH CUBE という構文もサポートしています。

8.2.3.3　GROUPING SETS

Oracle、PostgreSQL、SQL Server は、GROUPING SETS をサポートしています。これを使うと、集計結果を表示したいグループを指定することができます。CUBE で生成される結果のうち、指定したグループごとの集計結果だけが返されます。

次の例では、年ごとの支出と月ごとの支出だけが返されます。

```
-- Oracle、PostgreSQL
SELECT year, month,
       SUM(amount) AS total
FROM spendings
```

[†2] 訳注：SQL Server では NULL がソート順の先頭になるので、Oracle や PostgreSQL のコードと同様に ORDER BY 句を指定すると、総支出の行が先頭に表示されます。以下、1 月の支出、2 月の支出、2019 年の支出、2019 年の各データ、2020 年の支出、2020 年の各データの順に表示されます。

```
GROUP BY GROUPING SETS(year, month)
ORDER BY year, month;

YEAR  MONTH  TOTAL
-----  ------  ------
2019           50 -- 2019 年の支出
2020          179 -- 2020 年の支出
          1    92 -- 1 月の支出
          2   137 -- 2 月の支出


-- SQL Server
SELECT year, month,
       SUM(amount) AS total
FROM spendings
GROUP BY GROUPING SETS(year, month);

YEAR  MONTH  TOTAL
-----  ------  ------
          1    92 -- 1 月の支出
          2   137 -- 2 月の支出
2019           50 -- 2019 年の支出
2020          179 -- 2020 年の支出
```

8.3　ウィンドウ関数

　ウィンドウ関数（window function）は、Oracle では**分析関数**（analytic function）と呼ばれており、データ行に対して計算を行うという点では集計関数と似ています。違いは、集計関数が 1 つの値を返すのに対して、ウィンドウ関数はデータの各行について値を返すことです。

　次のテーブルは、従業員の名前と彼らの月ごとの販売数（sales）を示しています。このテーブルを使って、集計関数とウィンドウ関数の違いを見ていきましょう。

```
SELECT * FROM sales;

+-------+-------+-------+
| name  | month | sales |
+-------+-------+-------+
| David |     3 |     2 |
| David |     4 |    11 |
| Laura |     3 |     3 |
| Laura |     4 |    14 |
| Laura |     5 |     7 |
| Laura |     6 |     1 |
+-------+-------+-------+
```

8.3.1　集計関数の例

SUM() は集計関数です。次のクエリーは各人の販売数を合計し、その値
（total_sales）を各人の名前（name）とともに返します。

```
SELECT name,
       SUM(sales) AS total_sales
FROM sales
GROUP BY name;

+-------+-------------+
| name  | total_sales |
+-------+-------------+
| David |          13 |
| Laura |          25 |
+-------+-------------+
```

8.3.2　ウィンドウ関数の例

ROW_NUMBER() OVER (PARTITION BY name ORDER BY month) はウィンドウ
関数です。次のクエリーでは、この関数によって、各人が何かを販売した最初の月、
2番目の月、3番目の月などを表す行番号が生成されます。このクエリーは、その値
（sale_month）と一緒にそれぞれの行を返します。

```
SELECT name,
       ROW_NUMBER() OVER (PARTITION BY name
       ORDER BY month) AS sale_month
FROM sales;

+-------+------------+
| name  | sale_month |
+-------+------------+
| David |          1 |
| David |          2 |
| Laura |          1 |
| Laura |          2 |
| Laura |          3 |
| Laura |          4 |
+-------+------------+
```

ウィンドウ関数を分解する

```
ROW_NUMBER() OVER (PARTITION BY name ORDER BY month)
```

ウィンドウ（window）とは、行のグループのことです。前の例では、2つの
ウィンドウがありました。David という名前には2つの行から成るウィンドウ
があり、Laura という名前には4つの行から成るウィンドウがあります。

ROW_NUMBER()
 それぞれのウィンドウに適用したい関数。このほかによく使われる関数と
 しては、RANK()、FIRST_VALUE()、LAG() などがあります。この指定は
 必須です。

OVER
 これは、ウィンドウ関数を指定していることを宣言しています。この指定
 も必須です。

PARTITION BY name
 これは、データをどのようにウィンドウに分割したいかを宣言していま
 す。1つまたは複数の列によってデータを分割することができます。この
 指定は省略可能です。省略した場合は、テーブル全体がウィンドウになり
 ます。

ORDER BY month
 これは、関数を適用する前に、それぞれのウィンドウをどのようにソート
 すべきかを宣言しています。この指定は、MySQL、PostgreSQL、SQLite
 では省略可能ですが、Oracle と SQL Server では必須です。

次のいくつかのセクションでは、ウィンドウ関数の実際の使用例を紹介します。

8.3.3　テーブル内の行をランク付けする

テーブル内の各行に行番号を追加するには、ROW_NUMBER()、RANK()、
DENSE_RANK() の各関数を使います。

次のテーブルは、人気のある名前が付けられた赤ちゃんの数（babies）を示して
います。

```
SELECT * FROM baby_names;

+--------+--------+--------+
| gender | name   | babies |
+--------+--------+--------+
| F      | Emma   |     92 |
| F      | Mia    |     88 |
| F      | Olivia |    100 |
| M      | Liam   |    105 |
| M      | Mateo  |     95 |
| M      | Noah   |    110 |
+--------+--------+--------+
```

次の2つのクエリーは、次のものによって名前をランク付けします。

- 人気によって
- 性別ごとに、人気によって

人気（popularity）によって名前をランク付けするには、次のようにします。

```
SELECT gender, name,
       ROW_NUMBER() OVER (
       ORDER BY babies DESC) AS popularity
FROM baby_names;

+--------+--------+------------+
| gender | name   | popularity |
+--------+--------+------------+
| M      | Noah   |          1 |
| M      | Liam   |          2 |
| F      | Olivia |          3 |
| M      | Mateo  |          4 |
| F      | Emma   |          5 |
| F      | Mia    |          6 |
+--------+--------+------------+
```

性別（gender）ごとに、人気によって名前をランク付けするには、次のようにします。

```
SELECT gender, name,
       ROW_NUMBER() OVER (PARTITION BY gender
       ORDER BY babies DESC) AS popularity
FROM baby_names;
```

```
+--------+--------+------------+
| gender | name   | popularity |
+--------+--------+------------+
| F      | Olivia |          1 |
| F      | Emma   |          2 |
| F      | Mia    |          3 |
| M      | Noah   |          1 |
| M      | Liam   |          2 |
| M      | Mateo  |          3 |
+--------+--------+------------+
```

ROW_NUMBER と RANK と DENSE_RANK

行番号を追加するには、3つの方法があります。これらは、順位が同じ場合の扱い方に違いがあります。

ROW_NUMBER は、同じ順位にはしません。

```
NAME     BABIES  POPULARITY
-------  ------- ------------
Olivia     99             1
Emma       80             2
Sophia     80             3
Mia        75             4
```

RANK は、同じ順位にします。

```
NAME     BABIES  POPULARITY
-------  ------- ------------
Olivia     99             1
Emma       80             2
Sophia     80             2
Mia        75             4
```

DENSE_RANK は、同じ順位にしますが、番号を飛ばすことはしません。

```
NAME     BABIES  POPULARITY
-------  ------- ------------
Olivia     99             1
Emma       80             2
Sophia     80             2
Mia        75             3
```

8.3.4　各グループ内の最初の値を返す

ウィンドウ内の最初の行または最後の行の値を返すには、FIRST_VALUE 関数または LAST_VALUE 関数を使います。

次に示すクエリーは、2 段階のプロセスを経て、それぞれの性別で最も人気のある名前を返します。

ステップ 1：各性別で最も人気のある名前を表示する

```
SELECT gender, name, babies,
       FIRST_VALUE(name) OVER (PARTITION BY gender
       ORDER BY babies DESC) AS top_name
FROM baby_names;

+--------+--------+--------+----------+
| gender | name   | babies | top_name |
+--------+--------+--------+----------+
| F      | Olivia |    100 | Olivia   |
| F      | Emma   |     92 | Olivia   |
| F      | Mia    |     88 | Olivia   |
| M      | Noah   |    110 | Noah     |
| M      | Liam   |    105 | Noah     |
| M      | Mateo  |     95 | Noah     |
+--------+--------+--------+----------+
```

この結果を、次のステップのサブクエリーとして使います。次のステップでは、サブクエリーに対してフィルタリングを行います。

ステップ 2：各性別で最も人気のある名前を含んでいる 2 行だけを返す

```
SELECT * FROM

(SELECT gender, name, babies,
       FIRST_VALUE(name) OVER (PARTITION BY gender
       ORDER BY babies DESC) AS top_name
FROM baby_names) AS top_name_table

WHERE name = top_name;

+--------+--------+--------+----------+
| gender | name   | babies | top_name |
+--------+--------+--------+----------+
| F      | Olivia |    100 | Olivia   |
| M      | Noah   |    110 | Noah     |
+--------+--------+--------+----------+
```

Oracle では、AS top_name_table の部分を省略します。

8.3.5　各グループ内の2番目の値を返す

各ウィンドウ内の特定の順位の値を返すには、NTH_VALUE 関数を使います。SQL
Server は NTH_VALUE をサポートしていません。代わりに、次の「8.3.6　各グループ
内の最初の2つの値を返す」のコードを利用して、2番目の値だけを返すようにし
ます。

次に示すクエリーは、2段階のプロセスを経て、それぞれの性別で2番目に人気の
ある名前を返します。

ステップ1：各性別で2番目に人気のある名前を表示する

```
SELECT gender, name, babies,
       NTH_VALUE(name, 2) OVER (PARTITION BY gender
       ORDER BY babies DESC) AS second_name
FROM baby_names;
```

gender	name	babies	second_name
F	Olivia	100	NULL
F	Emma	92	Emma
F	Mia	88	Emma
M	Noah	110	NULL
M	Liam	105	Liam
M	Mateo	95	Liam

NTH_VALUE(name, 2) の2番目のパラメーターは、ウィンドウ内の2番目の値を
取得することを表しています。このパラメーターには、任意の正の整数を指定でき
ます。

この結果を、次のステップのサブクエリーとして使います。次のステップでは、サ
ブクエリーに対してフィルタリングを行います。

ステップ2：各性別で2番目に人気のある名前を含んでいる2行だけを返す

```
SELECT * FROM

(SELECT gender, name, babies,
       NTH_VALUE(name, 2) OVER (PARTITION BY gender
       ORDER BY babies DESC) AS second_name
```

```
FROM baby_names) AS second_name_table

WHERE name = second_name;
```

```
+--------+--------+--------+-------------+
| gender | name   | babies | second_name |
+--------+--------+--------+-------------+
| F      | Emma   |     92 | Emma        |
| M      | Liam   |    105 | Liam        |
+--------+--------+--------+-------------+
```

Oracle では、AS second_name_table の部分を省略します。

8.3.6　各グループ内の最初の2つの値を返す

各グループ内の複数の順位の値を返すには、サブクエリー内で ROW_NUMBER 関数を使います。

次に示すクエリーは、2段階のプロセスを経て、それぞれの性別で1番目と2番目に人気のある名前を返します。

ステップ1：各性別での人気ランキングを表示する

```
SELECT gender, name, babies,
       ROW_NUMBER() OVER (PARTITION BY gender
       ORDER BY babies DESC) AS popularity
FROM baby_names;
```

```
+--------+--------+--------+------------+
| gender | name   | babies | popularity |
+--------+--------+--------+------------+
| F      | Olivia |    100 |          1 |
| F      | Emma   |     92 |          2 |
| F      | Mia    |     88 |          3 |
| M      | Noah   |    110 |          1 |
| M      | Liam   |    105 |          2 |
| M      | Mateo  |     95 |          3 |
+--------+--------+--------+------------+
```

この結果を、次のステップのサブクエリーとして使います。次のステップでは、サブクエリーに対してフィルタリングを行います。

ステップ2：各性別で順位が1位と2位の行をフィルタリングする

```
SELECT * FROM

(SELECT gender, name, babies,
        ROW_NUMBER() OVER (PARTITION BY gender
        ORDER BY babies DESC) AS popularity
FROM baby_names) AS popularity_table

WHERE popularity IN (1,2);
```

```
+--------+--------+--------+------------+
| gender | name   | babies | popularity |
+--------+--------+--------+------------+
| F      | Olivia |    100 |          1 |
| F      | Emma   |     92 |          2 |
| M      | Noah   |    110 |          1 |
| M      | Liam   |    105 |          2 |
+--------+--------+--------+------------+
```

Oracleでは、AS popularity_table の部分を省略します。

8.3.7　前の行の値を返す

LAG関数またはLEAD関数を使うと、特定の行数だけ前または後の行を参照できます。前の行の値を返すにはLAGを、後の行の値を返すにはLEADを使います。

```
SELECT gender, name, babies,
        LAG(name) OVER (PARTITION BY gender
        ORDER BY babies DESC) AS prior_name
FROM baby_names;
```

```
+--------+--------+--------+------------+
| gender | name   | babies | prior_name |
+--------+--------+--------+------------+
| F      | Olivia |    100 | NULL       |
| F      | Emma   |     92 | Olivia     |
| F      | Mia    |     88 | Emma       |
| M      | Noah   |    110 | NULL       |
| M      | Liam   |    105 | Noah       |
| M      | Mateo  |     95 | Liam       |
+--------+--------+--------+------------+
```

LAG(name, 2, 'No name') を使って、2つ前の行から名前を返し、NULL値を No name に置き換えます。

```
SELECT gender, name, babies,
       LAG(name, 2, 'No name')
       OVER (PARTITION BY gender
       ORDER BY babies DESC) AS prior_name_2
FROM baby_names;

+--------+--------+--------+--------------+
| gender | name   | babies | prior_name_2 |
+--------+--------+--------+--------------+
| F      | Olivia |    100 | No name      |
| F      | Emma   |     92 | No name      |
| F      | Mia    |     88 | Olivia       |
| M      | Noah   |    110 | No name      |
| M      | Liam   |    105 | No name      |
| M      | Mateo  |     95 | Noah         |
+--------+--------+--------+--------------+
```

LAG と LEAD は、LAG(name, 2, 'None') のように、3つの引数を取ります。

- name は返したい値です。この指定は必須です。
- 2 は行のオフセットです。つまり、いくつ前（または後）の行を返すかを指定します。これは省略可能であり、デフォルト値は 1 です。
- 'No name' は、値が存在しない場合に返される値です。これは省略可能であり、デフォルト値は NULL です。

8.3.8　移動平均を計算する

移動平均（moving average）を計算するには、AVG 関数と ROWS BETWEEN 句を組み合わせて使います。

次のようなテーブルがあるとしましょう。

```
SELECT * FROM sales;

+-------+-------+-------+
| name  | month | sales |
+-------+-------+-------+
| David |     1 |     2 |
| David |     2 |    11 |
| David |     3 |     6 |
| David |     4 |     8 |
| Laura |     1 |     3 |
| Laura |     2 |    14 |
| Laura |     3 |     7 |
| Laura |     4 |     1 |
```

```
| Laura |    5 |   20 |
+-------+-------+-------+
```

各人について、2か月前から現在の月までのデータに基づいて、販売数の3か月移動平均を求めます。

```
SELECT name, month, sales,
       AVG(sales) OVER (PARTITION BY name
       ORDER BY month
       ROWS BETWEEN 2 PRECEDING AND
       CURRENT ROW) three_month_ma
FROM sales;
```

```
+-------+-------+-------+----------------+
| name  | month | sales | three_month_ma |
+-------+-------+-------+----------------+
| David |    1 |    2 |         2.0000 |
| David |    2 |   11 |         6.5000 |
| David |    3 |    6 |         6.3333 |
| David |    4 |    8 |         8.3333 |
| Laura |    1 |    3 |         3.0000 |
| Laura |    2 |   14 |         8.5000 |
| Laura |    3 |    7 |         8.0000 |
| Laura |    4 |    1 |         7.3333 |
| Laura |    5 |   20 |         9.3333 |
+-------+-------+-------+----------------+
```

SQL Server では、このコードを実行すると、計算結果が整数で表示されます。小数で表示するには、次のように、小数に変換してから計算します。

```
SELECT name, month, sales,
       AVG(CAST(sales AS DECIMAL)) OVER (PARTITION BY name
       ORDER BY month
       ROWS BETWEEN 2 PRECEDING AND
       CURRENT ROW) three_month_ma
FROM sales;
```

この例では、2つ前の行から現在の行までを参照しています。

ROWS BETWEEN 2 PRECEDING AND CURRENT ROW

FOLLOWING キーワードを使うと、現在の行より後の行を参照できます。

ROWS BETWEEN 2 PRECEDING AND 3 FOLLOWING

これらの範囲は、**スライディングウィンドウ**（sliding window）とも呼ばれます。

8.3.9　累計を計算する

累計（running total）を計算するには、SUM 関数と ROWS BETWEEN UNBOUNDED 句を組み合わせて使います。

各人について、現在の月までの販売数の累計を求めます。

```
SELECT name, month, sales,
       SUM(sales) OVER (PARTITION BY name
       ORDER BY month
       ROWS BETWEEN UNBOUNDED PRECEDING AND
       CURRENT ROW) running_total
FROM sales;
```

```
+-------+-------+-------+---------------+
| name  | month | sales | running_total |
+-------+-------+-------+---------------+
| David |     1 |     2 |             2 |
| David |     2 |    11 |            13 |
| David |     3 |     6 |            19 |
| David |     4 |     8 |            27 |
| Laura |     1 |     3 |             3 |
| Laura |     2 |    14 |            17 |
| Laura |     3 |     7 |            24 |
| Laura |     4 |     1 |            25 |
| Laura |     5 |    20 |            45 |
+-------+-------+-------+---------------+
```

ここでは、各人についての累計を計算しています。テーブル全体についての累計を計算するには、コードの PARTITION BY name の部分を削除します。

ROWS と RANGE

ROWS BETWEEN の代わりとなるのが、RANGE BETWEEN です。次のクエリーは、ROWS と RANGE の両方のキーワードを使って、すべての従業員による販売数の累計を計算します[3]。

---

[3]　訳注：month だけでソートしているため、実際の表示結果は実行環境によって異なる場合があります。

```
SELECT month, name,
  SUM(sales) OVER (ORDER BY month ROWS BETWEEN
  UNBOUNDED PRECEDING AND CURRENT ROW) rt_rows,
  SUM(sales) OVER (ORDER BY month RANGE BETWEEN
  UNBOUNDED PRECEDING AND CURRENT ROW) rt_range
FROM sales;

+-------+-------+----------+-----------+
| month | name  | rt_rows  | rt_range  |
+-------+-------+----------+-----------+
|     1 | David |       2  |        5  |
|     1 | Laura |       5  |        5  |
|     2 | David |      16  |       30  |
|     2 | Laura |      30  |       30  |
|     3 | David |      36  |       43  |
|     3 | Laura |      43  |       43  |
|     4 | David |      51  |       52  |
|     4 | Laura |      52  |       52  |
|     5 | Laura |      72  |       72  |
+-------+-------+----------+-----------+
```

この2つの違いは、（データがmonthの順にソートされているので）RANGEがそれぞれのmonthについて同じ累計を返すのに対して、ROWSはそれぞれの行について異なる累計を返すことです。

8.4　ピボットとピボット解除

OracleとSQL Serverは、PIVOT操作とUNPIVOT操作をサポートしています。PIVOTは1つの列を取り、それを複数の列に分割します。UNPIVOTは複数の列を取り、それらを1つの列に統合します。

8.4.1　1つの列の値を複数の列に分割する

たとえば、次のようなテーブルがあるとしましょう。それぞれの行は、id、人名（name）、その人が食べた果物（fruit）で構成されています。

```
SELECT * FROM fruits;

+------+-------+--------------+
| id   | name  | fruit        |
+------+-------+--------------+
|    1 | Henry | strawberries |
```

```
|    2 | Henry | grapefruit   |
|    3 | Henry | watermelon   |
|    4 | Lily  | strawberries |
|    5 | Lily  | watermelon   |
|    6 | Lily  | strawberries |
|    7 | Lily  | watermelon   |
+------+-------+--------------+
```

ここで、fruit 列を取り、それぞれの果物について次のように別々の列を作成したいとします。

```
+-------+--------------+------------+------------+
| name  | strawberries | grapefruit | watermelon |
+-------+--------------+------------+------------+
| Henry |            1 |          1 |          1 |
| Lily  |            2 |          0 |          2 |
+-------+--------------+------------+------------+
```

Oracle と SQL Server で、PIVOT 操作を使います。

```
-- Oracle
SELECT *
FROM fruits
PIVOT
(COUNT(id) FOR fruit IN ('strawberries',
                'grapefruit', 'watermelon'));

-- SQL Server
SELECT *
FROM fruits
PIVOT
(COUNT(id) FOR fruit IN ([strawberries],
                [grapefruit], [watermelon])
) AS fruits_pivot;
```

PIVOT 句では、id 列と fruit 列は参照されていますが、name 列は参照されていません。したがって、name 列は最終結果の中にそのまま残り、果物はそれぞれの新しい列として変換されます。

このテーブルに表示されている値は、元のテーブル内で、name と fruit のそれぞれの組み合わせを含んでいた行の数です。

PIVOT の代替手段：CASE

MySQL、PostgreSQL、SQLite は PIVOT をサポートしていません。それら
の RDBMS で PIVOT の代わりとなる方法は、手作業で CASE 文を使うことです。

```sql
SELECT name,
       SUM(CASE WHEN fruit = 'strawberries'
           THEN 1 ELSE 0 END) AS strawberries,
       SUM(CASE WHEN fruit = 'grapefruit'
           THEN 1 ELSE 0 END) AS grapefruit,
       SUM(CASE WHEN fruit = 'watermelon'
           THEN 1 ELSE 0 END) AS watermelon
FROM fruits
GROUP BY name
ORDER BY name;
```

8.4.2　複数の列の値を 1 つの列にリストする

次のようなテーブルがあるとしましょう。それぞれの行は、id、人名（name）、お
よび彼らの好みの果物を含んでいる複数の列で構成されています。

```sql
SELECT * FROM favorite_fruits;
```

```
+----+-------+-----------+-----------+-----------+
| id | name  | fruit_one | fruit_two | fruit_thr |
+----+-------+-----------+-----------+-----------+
|  1 | Anna  | apple     | banana    |           |
|  2 | Barry | raspberry |           |           |
|  3 | Liz   | lemon     | lime      | orange    |
|  4 | Tom   | peach     | pear      | plum      |
+----+-------+-----------+-----------+-----------+
```

ここで、すべての果物が 1 つの列に収まるように、テーブルを次のように再編成し
たいとします。

```
+----+-------+---------+-----------+
| id | name  | ranking | fruit     |
+----+-------+---------+-----------+
|  1 | Anna  |       1 | apple     |
|  1 | Anna  |       2 | banana    |
|  2 | Barry |       1 | raspberry |
|  3 | Liz   |       1 | lemon     |
```

```
| 3 | Liz |     2 | lime   |
| 3 | Liz |     3 | orange |
| 4 | Tom |     1 | peach  |
| 4 | Tom |     2 | pear   |
| 4 | Tom |     3 | plum   |
+----+-------+---------+-----------+
```

Oracle と SQL Server で、UNPIVOT 操作を使います。

```
-- Oracle
SELECT *
FROM favorite_fruits
UNPIVOT
(fruit FOR ranking IN (fruit_one AS 1,
    fruit_two AS 2,
    fruit_thr AS 3));

-- SQL Server †4
SELECT *
FROM favorite_fruits
UNPIVOT
(fruit FOR ranking IN (fruit_one,
                       fruit_two,
                       fruit_thr)
) AS fruit_unpivot
WHERE fruit <> '';
```

UNPIVOT は、fruit_one、fruit_two、fruit_thr の各列を取り、それらを fruit という 1 つの列に統合します。それが終わったら、後は通常の SELECT 文と同様に、元の id 列や name 列に加えて、新しく作成した fruit 列を表示することができます。

UNPIVOT の代替手段：UNION ALL

MySQL、PostgreSQL、SQLite は UNPIVOT をサポートしていません。それらの RDBMS で UNPIVOT の代わりとなる方法は、手作業で UNION ALL を使うことです。

---

†4 訳注：SQL Server では「AS 1」のように指定できないので、出力結果には「fruit_one」や「fruit_two」がそのまま表示されます。また、表示される列の順序も Oracle とは異なります。

```
WITH all_fruits AS
(SELECT id, name,
        1 AS ranking,
        fruit_one AS fruit
FROM favorite_fruits
UNION ALL
SELECT id, name,
        2 AS ranking,
        fruit_two AS fruit
FROM favorite_fruits
UNION ALL
SELECT id, name,
        3 AS ranking,
        fruit_thr AS fruit
FROM favorite_fruits)

SELECT *
FROM all_fruits
WHERE fruit <> ''
ORDER BY id, name, ranking;
```

9章
複数のテーブルおよび
クエリーの操作

　この章では、結合や集合演算子を使って複数のテーブルを1つにまとめる方法と、共通テーブル式を使って複数のクエリーを扱う方法について解説します。

　表9-1は、この章で扱う3つの概念に関する説明とコード例を示したものです。

表9-1　複数のテーブルやクエリーの操作

概念	説明	コード例

テーブルの結合	一致する行に基づいて、2つのテーブルの列を結合する	```
		SELECT c.id, l.city
		FROM customers c
		  INNER JOIN loc l
		    ON c.lid = l.id;
		``

集合演算子	一致する列に基づいて、2つのテーブルの行を結合する	``` SELECT name, city FROM employees; UNION SELECT name, city FROM customers; ```

共通テーブル式	クエリーの結果を一時的に保存して、別のクエリーから参照できるようにする。これには、再帰クエリーや階層クエリーも含まれる	```
		WITH my_cte AS (
		  SELECT name,
		    SUM(order_id)
		    AS num_orders
		  FROM customers
		  GROUP BY name)
		
		SELECT MAX(num_orders)
		FROM my_cte;
		``

9.1 テーブルの結合

　SQL では、**結合**（joining）とは、1 つのクエリーの中で複数のテーブルからデータをまとめることを意味します。次の 2 つのテーブルは、ある女性たちが住んでいる州（state）と彼女たちが所有しているペット（pet）を表します。

```
-- states              -- pets
+------+-------+        +------+------+
| name | state |        | name | pet  |
+------+-------+        +------+------+
| Ada  | AZ    |        | Deb  | dog  |
| Deb  | DE    |        | Deb  | duck |
+------+-------+        | Pat  | pig  |
                        +------+------+
```

　この 2 つのテーブルを 1 つのテーブルに結合するには、JOIN 句を使います。

```
SELECT *
FROM states s INNER JOIN pets p
    ON s.name = p.name;
```

```
+------+-------+------+------+
| name | state | name | pet  |
+------+-------+------+------+
| Deb  | DE    | Deb  | dog  |
| Deb  | DE    | Deb  | duck |
+------+-------+------+------+
```

　結果として表示されるテーブルには、Deb の行だけが含まれています。なぜなら、両方のテーブルに存在しているのは彼女だけだからです。

　左側の 2 つの列は states テーブルからのものであり、右側の 2 つは pets テーブルからのものです。出力結果に含まれる列は、エイリアスを使って、s.name、s.state、p.name、p.pet として参照できます。

JOIN 句を分解する

```
states s INNER JOIN pets p ON s.name = p.name
```

テーブル（states、pets）
　　結合したいテーブル

エイリアス（s、p）

テーブルの別名。これは省略可能ですが、文を簡潔にするために推奨します。エイリアスを使わない場合は、ON 句を states.name = pets.name と書きます。

結合の種類（INNER JOIN）

INNER の部分は、一致する行だけが返されることを表します。JOIN だけを書いた場合は、デフォルトで INNER JOIN になります。その他の結合の種類については、**表9-2** を参照してください。

結合条件（ON s.name = p.name）

2 つの行が一致していると見なされるために真でなければならない条件。等号（=）は最もよく使われる演算子ですが、不等号（!=または<>）、>、<、BETWEEN など、その他の演算子も利用できます。

INNER JOIN を含めて、SQL でのさまざまな結合の種類を**表9-2** に示します。次のクエリーは、テーブルを結合するための一般的なフォーマットを示しています。

```
SELECT *
FROM states s [JOIN_TYPE] pets p
    ON s.name = p.name;
```

[JOIN_TYPE] の部分を、次の表の「キーワード」の列に示したキーワードに置き換えると、「結果として得られる行」の列に示した結果が得られます。CROSS JOIN については、ON 句を省略します。

表9-2　テーブルを結合するための各種の方法

キーワード	説明	結果として得られる行
JOIN	デフォルトで INNER JOIN になる	nm | st | nm | pt -----+----+-----+------ Deb | DE | Deb | dog Deb | DE | Deb | duck

表9-2　テーブルを結合するための各種の方法（続き）

キーワード	説明	結果として得られる行
| INNER JOIN<br>（内部結合） | 共通している行を返す | ```
nm  | st | nm  | pt
-----+----+-----+------
Deb | DE | Deb | dog
Deb | DE | Deb | duck
``` |
| LEFT JOIN<br>（左外部結合） | 左側のテーブル内の行と、もう一方のテーブル内の一致する行を返す | ```
nm  | st | nm   | pt
-----+----+------+------
Ada | AZ | NULL | NULL
Deb | DE | Deb  | dog
Deb | DE | Deb  | duck
``` |
| RIGHT JOIN<br>（右外部結合） | 右側のテーブル内の行と、もう一方のテーブル内の一致する行を返す | ```
nm   | st   | nm  | pt
------+------+-----+------
Deb  | DE   | Deb | dog
Deb  | DE   | Deb | duck
NULL | NULL | Pat | pig
``` |
| FULL OUTER JOIN<br>（完全外部結合） | 両方のテーブル内の行を返す | ```
nm   | st   | nm   | pt
------+------+------+----
Ada  | AZ   | NULL | NULL
Deb  | DE   | Deb  | dog
Deb  | DE   | Deb  | duck
NULL | NULL | Pat  | pig
``` |
| CROSS JOIN<br>（クロス結合） | 2つのテーブル内の行のすべての組み合わせを返す | ```
nm  | st | nm  | pt
-----+----+-----+------
Ada | AZ | Deb | dog
Ada | AZ | Deb | duck
Ada | AZ | Pat | pig
Deb | DE | Deb | dog
Deb | DE | Deb | duck
Deb | DE | Pat | pig
``` |

　JOIN .. ON .. という標準的な構文を使ってテーブルを結合する方法を含めて、SQLでテーブルを結合するためのさまざまな方法を**表9-3**に示します。
```

表9-3 テーブルを結合するための構文

種類	説明	コード

JOIN .. ON .. 構文	最も一般的な結合構文。INNER JOIN、LEFT JOIN、RIGHT JOIN、FULL OUTER JOIN、CROSS JOIN が使用可能	SELECT *
		FROM states s
		  INNER JOIN pets p
		    ON s.name = p.name;

USING ショートカット	結合する列の名前が一致している場合に、ON 句の代わりに使用可能	SELECT *
		FROM states
		  INNER JOIN pets
		    USING (name);

NATURAL JOIN ショートカット（自然結合）	結合する列の名前がすべて一致している場合に、INNER JOIN 句の代わりに使用可能	SELECT * FROM states **NATURAL JOIN** pets;
古い結合構文	SQL で結合を行うための古い方法。右のコード例は INNER JOIN と同じ。WHERE 句がない場合は、2 つのテーブル内の行のすべての組み合わせを返す（CROSS JOIN と同じ）	SELECT * FROM **states s, pets p** WHERE s.name = p.name;

自己結合	古い結合構文または新しい結合構文を使って、テーブル内の行と同じテーブル内の行のすべての組み合わせを返す	SELECT *
		FROM **states s1, states s2**
		WHERE s1.region = s2.region;
		
		SELECT *
		FROM **states s1**
		  INNER JOIN **states s2**
		    ON s1.region = s2.region;

ここでは、**表9-2** と **表9-3** の概念について詳しく解説します。

9.1.1 結合の基礎と INNER JOIN

このセクションでは、結合が概念的にどのように行われるかに加えて、INNER JOIN を用いた基本的な結合構文について説明します。

9.1.1.1 結合の基礎

テーブルの結合は、2 段階に分けて考えることができます。

1. テーブル内の行のすべての組み合わせを表示する
2. 値が一致している行をフィルタリングする

たとえば、次の2つのテーブルを結合したいとしましょう。

```
-- states              -- pets
+------+-------+        +------+------+
| name | state |        | name | pet  |
+------+-------+        +------+------+
| Ada  | AZ    |        | Deb  | dog  |
| Deb  | DE    |        | Deb  | duck |
+------+-------+        | Pat  | pig  |
                        +------+------+
```

ステップ1：テーブル内の行のすべての組み合わせを表示する

FROM句にテーブル名をリストすることで、2つのテーブルから、考えられるすべ
ての行の組み合わせが返されます。

```
SELECT *
FROM states, pets;

+------+-------+------+------+
| name | state | name | pet  |
+------+-------+------+------+
| Ada  | AZ    | Deb  | dog  |
| Deb  | DE    | Deb  | dog  |
| Ada  | AZ    | Deb  | duck |
| Deb  | DE    | Deb  | duck |
| Ada  | AZ    | Pat  | pig  |
| Deb  | DE    | Pat  | pig  |
+------+-------+------+------+
```

FROM states, pets という構文は、SQLで結合を行うための古い方法です。
WHERE句を省略した場合は、より新しい方法である CROSS JOIN と同じになります。

ステップ2：名前が一致している行をフィルタリングする

2つのテーブル内の行のすべての組み合わせを表示してほしいと思う人は、おそら
くいないでしょう。代わりに、両方のテーブルの name 列が一致しているものだけを
望むでしょう。

```
SELECT *
FROM states s, pets p
WHERE s.name = p.name;
```

```
+------+-------+------+------+
| name | state | name | pet  |
+------+-------+------+------+
| Deb  | DE    | Deb  | dog  |
| Deb  | DE    | Deb  | duck |
+------+-------+------+------+
```

states テーブル内の Deb/DE の行は pets テーブル内の 2 つの Deb の値と一致するので、この 2 つの行が表示されます。

このコードは、INNER JOIN と同じです。

 ここで説明した 2 段階のプロセスは、純粋に概念的なものです。結合を実行するときに RDBMS がクロス結合を行うことはめったになく、代わりに、より最適化された方法が使われます。

しかし、このように概念的な観点で考えることは、結合クエリーを正しく書いたり、結果を理解したりするうえで大いに役立ちます。

9.1.1.2 INNER JOIN

2 つのテーブルを結合するための最も一般的な方法は、INNER JOIN（内部結合）を使うことです。これは、両方のテーブルに存在する行を返します。

前の例で、両方のテーブルに存在する人だけを返すには、次のように INNER JOIN を使います。

```
SELECT *
FROM states s INNER JOIN pets p
    ON s.name = p.name;
```

```
+------+-------+------+------+
| name | state | name | pet  |
+------+-------+------+------+
| Deb  | DE    | Deb  | dog  |
| Deb  | DE    | Deb  | duck |
+------+-------+------+------+
```

3 つ以上のテーブルを結合する

JOIN .. ON .. のセットを追加することで、これを実現できます。

```
SELECT *
FROM states s
    INNER JOIN pets p
        ON s.name = p.name
```

```
    INNER JOIN lunch l
        ON s.name = l.name;
```

複数の列で結合する

ON 句の中に条件を追加することで、これを実現できます。たとえば、次のテーブル同士を、

```
-- states_ages               -- pets_ages
+------+-------+-----+        +------+-----+-----+
| name | state | age |        | name | pet | age |
+------+-------+-----+        +------+-----+-----+
| Ada  | AK    | 25  |        | Ada  | ant | 30  |
| Ada  | AZ    | 30  |        | Pat  | pig | 45  |
+------+-------+-----+        +------+-----+-----+
```

name と age の両方の列で結合するには、次のようにします。

```
SELECT *
FROM states_ages s INNER JOIN pets_ages p
    ON s.name = p.name
    AND s.age = p.age;

+------+-------+------+------+------+------+
| name | state | age  | name | pet  | age  |
+------+-------+------+------+------+------+
| Ada  | AZ    |   30 | Ada  | ant  |   30 |
+------+-------+------+------+------+------+
```

9.1.2 LEFT JOIN、RIGHT JOIN、FULL OUTER JOIN

一方のテーブルにしか存在しない行も含めて、2 つのテーブルから行を集めるには、LEFT JOIN、RIGHT JOIN、FULL OUTER JOIN を使います。

9.1.2.1 LEFT JOIN

次のように LEFT JOIN（左外部結合）を使うと、states テーブル内のすべての人が返されます。states テーブル内の人で、pets テーブル内に存在していない人は、NULL 値とともに返されます。

```
SELECT *
FROM states s LEFT JOIN pets p
    ON s.name = p.name;
```

```
+------+-------+------+------+
| name | state | name | pet  |
+------+-------+------+------+
| Ada  | AZ    | NULL | NULL |
| Deb  | DE    | Deb  | dog  |
| Deb  | DE    | Deb  | duck |
+------+-------+------+------+
```

LEFT JOIN は、LEFT OUTER JOIN と同じです。

9.1.2.2 RIGHT JOIN

次のように RIGHT JOIN（右外部結合）を使うと、pets テーブル内のすべての人が返されます。pets テーブル内の人で、states テーブル内に存在していない人は、NULL 値とともに返されます。

```
SELECT *
FROM states s RIGHT JOIN pets p
    ON s.name = p.name;
```

```
+------+-------+------+------+
| name | state | name | pet  |
+------+-------+------+------+
| Deb  | DE    | Deb  | dog  |
| Deb  | DE    | Deb  | duck |
| NULL | NULL  | Pat  | pig  |
+------+-------+------+------+
```

RIGHT JOIN は、RIGHT OUTER JOIN と同じです。

SQLite は、バージョン 3.39 以降で RIGHT JOIN をサポートしています。

RIGHT JOIN よりも LEFT JOIN のほうが、はるかに一般的です。RIGHT JOIN が必要な場合は、FROM 句の中の 2 つのテーブルを入れ替えて、LEFT JOIN を使うとよいでしょう。

9.1.2.3 FULL OUTER JOIN

次のように FULL OUTER JOIN（完全外部結合）を使うと、states と pets の両方のテーブル内のすべての人が返されます。両方のテーブルのうち欠けている値は、NULL 値として返されます。

```
SELECT *
FROM states s FULL OUTER JOIN pets p
    ON s.name = p.name;

+------+-------+------+------+
| name | state | name | pet  |
+------+-------+------+------+
| Ada  | AZ    | NULL | NULL |
| Deb  | DE    | Deb  | dog  |
| Deb  | DE    | Deb  | duck |
| NULL | NULL  | Pat  | pig  |
+------+-------+------+------+
```

FULL OUTER JOIN は、FULL JOIN と同じです。

MySQL は、FULL OUTER JOIN をサポートしていません。

SQLite は、バージョン 3.39 以降で FULL OUTER JOIN をサポートしています。

9.1.3　USING と NATURAL JOIN

テーブルを結合する場合、標準的な JOIN .. ON .. 構文の代わりに、USING または NATURAL JOIN というショートカットを使うと、入力を節約できます。

9.1.3.1　USING

MySQL、Oracle、PostgreSQL、SQLite は、USING 句をサポートしています。

ON 句の代わりに USING ショートカットを使うと、まったく同じ名前の 2 つの列によってテーブルを結合することができます。USING 句を使うためには、等結合[1]（ON 句の中で=）でなければなりません。

```
-- ON句
SELECT *
FROM states s INNER JOIN pets p
    ON s.name = p.name;

+------+-------+------+------+
| name | state | name | pet  |
+------+-------+------+------+
| Deb  | DE    | Deb  | dog  |
| Deb  | DE    | Deb  | duck |
+------+-------+------+------+
```

---

[1]　訳注：「等価結合」とも呼ばれます。

```
-- 同等のUSINGショートカット
SELECT *
FROM states INNER JOIN pets
    USING (name);

+------+-------+------+
| name | state | pet  |
+------+-------+------+
| Deb  | DE    | dog  |
| Deb  | DE    | duck |
+------+-------+------+
```

この2つのクエリーの違いは、最初のクエリーが4つの列（s.name や p.name など）を返すのに対して、2番目のクエリーは3つの列を返すことです。2つの name 列が1つに統合され、単に name と呼ばれるようになります。

9.1.3.2 NATURAL JOIN

MySQL、Oracle、PostgreSQL、SQLite は、NATURAL JOIN をサポートしています。

INNER JOIN .. ON .. 構文の代わりに NATURAL JOIN（自然結合）ショートカットを使うと、まったく同じ名前のすべての列に基づいて、テーブルを結合することができます。NATURAL JOIN 句を使うためには、等結合（ON 句の中で=）でなければなりません。

```
-- INNER JOIN .. ON .. AND ..
SELECT *
FROM states_ages s INNER JOIN pets_ages p
    ON s.name = p.name
    AND s.age = p.age;

+------+-------+------+------+------+------+
| name | state | age  | name | pet  | age  |
+------+-------+------+------+------+------+
| Ada  | AZ    |   30 | Ada  | ant  |   30 |
+------+-------+------+------+------+------+
```

```
-- 同等のNATURAL JOINショートカット
SELECT *
FROM states_ages NATURAL JOIN pets_ages;

+------+------+-------+------+
| name | age  | state | pet  |
+------+------+-------+------+
| Ada  |   30 | AZ    | ant  |
+------+------+-------+------+
```

この 2 つのクエリーの違いは、最初のクエリーが 6 つの列（s.name、s.age、p.name、p.age など）を返すのに対して、2 番目のクエリーは 4 つの列を返すことです。重複している name 列と age 列がそれぞれ統合され、単に name や age と呼ばれるようになります。

 NATURAL JOIN を使う場合は注意が必要です。これは多くの入力を減らすことに役立ちますが、一致する名前の列がテーブルに追加されたりテーブルから削除されたりすると、予期せぬ結合を行う可能性があります。実動コードではなく、簡易的なクエリーで使うほうがよいでしょう。

9.1.4 CROSS JOINと自己結合

テーブルを結合するためのもう 1 つの方法は、2 つのテーブル内の行のすべての組み合わせを表示することです。これは、CROSS JOIN（クロス結合）[2] を使って行うことができます。クロス結合が、あるテーブルとそれ自身について行われる場合は、**自己結合**（self join）と呼ばれます。自己結合は、同じテーブル内の行同士を比較したい場合に役立ちます。

9.1.4.1 CROSS JOIN

2 つのテーブル内の行のすべての組み合わせを返すには、CROSS JOIN を使います。これは、FROM 句の中に単に 2 つのテーブル名をリストすることと同じです（この形式は、しばしば「古い結合構文」と呼ばれます）。

```
-- クロス結合
SELECT *
FROM states CROSS JOIN pets;

-- 同等のテーブル名リスト
SELECT *
FROM states, pets;

+------+-------+------+------+
| name | state | name | pet  |
+------+-------+------+------+
| Ada  | AZ    | Deb  | dog  |
| Deb  | DE    | Deb  | dog  |
| Ada  | AZ    | Deb  | duck |
| Deb  | DE    | Deb  | duck |
```

---

[2] 訳注：「交差結合」とも呼ばれます。

```
| Ada  | AZ    | Pat  | pig  |
| Deb  | DE    | Pat  | pig  |
+------+-------+------+------+
```

行のすべての組み合わせが表示できたら、後は、何を探しているかに基づいて
WHERE句を追加し、結果をフィルタリングすることで、より少ない行を返すことがで
きます。

9.1.4.2　自己結合

自己結合を使うと、あるテーブルとそれ自身とを結合することができます。自己結
合のためには、一般に次の2つのステップが必要です。

1. テーブル内の行と同じテーブル内の行のすべての組み合わせを表示する
2. 何らかの基準に基づいて、結果の行をフィルタリングする

自己結合の実際の例を2つ紹介します。
次に示すのは、従業員（employee）とその管理者（manager）を表すテーブルです。

```sql
SELECT * FROM employee;
```

```
+------+--------+----------+--------+
| dept | emp_id | emp_name | mgr_id |
+------+--------+----------+--------+
| tech |    201 | lisa     |    101 |
| tech |    202 | monica   |    101 |
| data |    203 | nancy    |    201 |
| data |    204 | olivia   |    201 |
| data |    205 | penny    |    202 |
+------+--------+----------+--------+
```

例1：従業員と管理者のリストを返す

```sql
SELECT e1.emp_name, e2.emp_name AS mgr_name
FROM employee e1, employee e2
WHERE e1.mgr_id = e2.emp_id;
```

```
+----------+----------+
| emp_name | mgr_name |
+----------+----------+
| nancy    | lisa     |
| olivia   | lisa     |
| penny    | monica   |
+----------+----------+
```

例 2：それぞれの従業員と、同じ部署内の別の従業員とを結びつける

```
SELECT e.dept, e.emp_name, matching_emp.emp_name
FROM employee e, employee matching_emp
WHERE e.dept = matching_emp.dept
      AND e.emp_name <> matching_emp.emp_name;
```

```
+------+----------+----------+
| dept | emp_name | emp_name |
+------+----------+----------+
| tech | monica   | lisa     |
| tech | lisa     | monica   |
| data | penny    | nancy    |
| data | olivia   | nancy    |
| data | penny    | olivia   |
| data | nancy    | olivia   |
| data | olivia   | penny    |
| data | nancy    | penny    |
+------+----------+----------+
```

このクエリーの結果には、重複する行があります（monica/lisa と lisa/monica
など）。重複を取り除いて、8 行ではなく 4 行だけを返すには、WHERE 句に次
の行を追加し、

AND e.emp_name < matching_emp.emp_name

1 番目の名前が 2 番目の名前よりもアルファベット順で前にある行だけを返す
ようにします。重複のない出力結果は、次のようになります。

```
+------+----------+----------+
| dept | emp_name | emp_name |
+------+----------+----------+
| tech | lisa     | monica   |
| data | nancy    | olivia   |
| data | nancy    | penny    |
| data | olivia   | penny    |
+------+----------+----------+
```

9.2　集合演算子

UNION キーワードを使うと、2 つ以上の SELECT 文の結果を結合できます。JOIN
と UNION の違いは、JOIN が 1 つのクエリーの中で複数のテーブルを結合するのに対
して、UNION は複数のクエリーの結果を積み重ねることです。

```
-- JOINの例
SELECT *
FROM birthdays b JOIN candles c
    ON b.name = c.name;

-- UNIONの例
SELECT * FROM writers
UNION
SELECT * FROM artists;
```

図9-1は、これらのコードを基に、JOIN と UNION の違いを示しています。

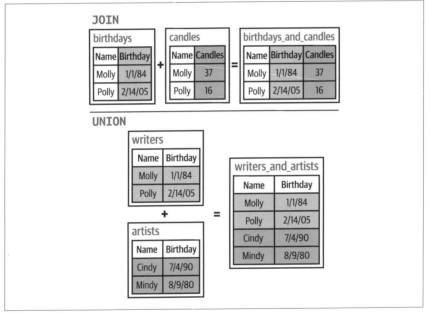

図9-1 JOIN と UNION の比較

　2つのテーブルの行を結合する方法は3つあります。これらは**集合演算子**（set operator）とも呼ばれます。

UNION
　　複数の文の結果を結合する。

EXCEPT（Oracle では `MINUS`）
　　別の結果セットを差し引いた結果を返す。

`INTERSECT`
　　2つの文の結果に共通する結果を返す。

9.2.1　UNION

`UNION` キーワードは、2つ以上の `SELECT` 文の結果を、1つの出力結果に結合します。

たとえば、次の2つのテーブルを結合したいとしましょう。staff テーブルはスタッフメンバーを、residents テーブルは居住者を表します。

```
-- staff
+---------+---------+
| name    | origin  |
+---------+---------+
| michael | NULL    |
| janet   | NULL    |
| tahani  | england |
+---------+ --------+

-- residents
+---------+---------+------------+
| name    | country | occupation |
+---------+---------+------------+
| eleanor | usa     | temp       |
| chidi   | nigeria | professor  |
| tahani  | england | model      |
| jason   | usa     | dj         |
+---------+---------+------------+
```

2つのテーブルを結合し、重複する行を取り除くために、`UNION` を使います。

```
SELECT name, origin FROM staff
UNION
SELECT name, country FROM residents;

+---------+---------+
| name    | origin  |
+---------+---------+
| michael | NULL    |
| janet   | NULL    |
| tahani  | england |
| eleanor | usa     |
| chidi   | nigeria |
```

```
| jason   | usa     |
+---------+---------+
```

tahani/england が、staff と residents の両方のテーブルに存在することに
注目してください。UNION は出力結果から重複行を取り除くため、結果セットの中に
は 1 つの行しか現れません。

UNION は、どのようなクエリーを結合できるか？

2 つのクエリーに対して UNION を行う場合、それらのクエリーの特性は、次
のようなものでなければなりません。

列の数：一致していなければならない
2 つのクエリーを UNION で結合する場合、両方のクエリーに同じ数の列
を指定する必要があります。

列の名前：一致している必要はない
UNION を行うためには、2 つのクエリーの列名が一致している必要はあ
りません。UNION クエリー内の最初の SELECT 文で使われている列名が、
出力結果の列名になります。

データ型：一致していなければならない
UNION を行うためには、2 つのクエリーのデータ型が一致している必要が
あります。一致していない場合は、UNION を行う前に、CAST 関数を使っ
て同じデータ型に変換します。

9.2.1.1 UNION ALL

2 つのテーブルを結合し、重複する行を残すには、UNION ALL を使います。

```
SELECT name, origin FROM staff
UNION ALL
SELECT name, country FROM residents;
```

```
+---------+---------+
| name    | origin  |
+---------+---------+
| michael | NULL    |
| janet   | NULL    |
| tahani  | england |
| eleanor | usa     |
| chidi   | nigeria |
| tahani  | england |
| jason   | usa     |
+---------+---------+
```

 重複する行が存在しないことが確実にわかっている場合は、UNION ALL を使ってパフォーマンスを上げることができます。UNION では、重複を識別するために、舞台裏で追加のソートが行われるからです。

9.2.1.2　UNION とその他の句

UNION を使うときに、WHERE や JOIN など、その他の句も含めることができます。ただし、ORDER BY 句は、クエリー全体について 1 つしか許されず、クエリーの最後に指定しなければなりません。

NULL 値を除外して UNION クエリーの結果をソートするには、次のようにします。

```
SELECT name, origin
FROM staff
WHERE origin IS NOT NULL

UNION

SELECT name, country
FROM residents

ORDER BY name;
```

```
+---------+---------+
| name    | origin  |
+---------+---------+
| chidi   | nigeria |
| eleanor | usa     |
| jason   | usa     |
| tahani  | england |
+---------+---------+
```

9.2.1.3 3つ以上のテーブルの UNION

次のように、追加の UNION 句を含めることで、3つ以上のテーブルを結合することができます。

```sql
SELECT name, origin
FROM staff

UNION

SELECT name, country
FROM residents

UNION

SELECT name, country
FROM my_simple_table;
```

UNION は通常、複数のテーブルから結果を結合するために使われます。1つのテーブルから結果を結合する場合は、UNION の代わりに、WHERE 句や CASE 文などを用いた1つのクエリーを書くほうが適切です。

9.2.2 EXCEPT と INTERSECT

UNION を使って複数のテーブルの行を結合するほかに、EXCEPT や INTERSECT を使って、異なる方法で行を結合することができます。

9.2.2.1 EXCEPT

あるクエリーの結果から別のクエリーの結果を「差し引く」には、EXCEPT を使います。

たとえば、居住者でないスタッフメンバーを返すには（つまり、スタッフメンバーから居住者を差し引くには）、次のようにします。

```sql
SELECT name FROM staff
EXCEPT
SELECT name FROM residents;
```

```
+---------+
| name    |
+---------+
| michael |
| janet   |
+---------+
```

　MySQL は EXCEPT をサポートしていません[†3]。代わりに、NOT IN キーワードを回避策として利用できます。

```
SELECT name
FROM staff
WHERE name NOT IN (SELECT name FROM residents);
```

　Oracle では、EXCEPT の代わりに MINUS を使います[†4]。

　PostgreSQL は、重複する行を取り除かない EXCEPT ALL もサポートしています[†4]。EXCEPT では結果セット同士の重複するデータおよび重複する行が削除されますが、EXCEPT ALL では結果セット同士の重複するデータだけが削除されます。たとえば、一方のクエリーの結果には A という値が 2 行、B という値が 2 行あり、もう一方のクエリーの結果には A が 1 行あるとすると、EXCEPT では A がすべて差し引かれて B が 1 行だけ残りますが、EXCEPT ALL では A が 1 行、B が 2 行残ります。

9.2.2.2　INTERSECT

　2 つの結果セットに共通する行を見つけるには、INTERSECT を使います。

　たとえば、居住者でもあるスタッフメンバーを返すには、次のようにします。

```
SELECT name, origin FROM staff
INTERSECT
SELECT name, country FROM residents;

+---------+---------+
| name    | origin  |
+---------+---------+
| tahani  | england |
+---------+---------+
```

　MySQL は INTERSECT をサポートしていません[†5]。代わりに、INNER JOIN を回避策として利用できます。

```
SELECT s.name, s.origin
FROM staff s INNER JOIN residents r
    ON s.name = r.name;
```

[†3]　訳注：MySQL 8.0.31 からサポートされるようになりました。
[†4]　訳注：Oracle Database 21c から EXCEPT と EXCEPT ALL も使えるようになりました。
[†5]　訳注：MySQL 8.0.31 からサポートされるようになりました。

PostgreSQL は、重複する値を残す INTERSECT ALL もサポートしています[6]。

集合演算子：評価の順序

複数の集合演算子（UNION、EXCEPT、INTERSECT）を含む文を書く場合に、演算が行われる順序を指定するには、丸括弧を使います。

```
SELECT name FROM staff
EXCEPT
(SELECT name FROM residents
 UNION
 SELECT name FROM pets);
```

ただし、SQLite ではエラーになってしまうので、回避策として次のように書くか、または次のセクションで説明する共通テーブル式を使います。

```
-- SQLite
SELECT name FROM staff
EXCEPT
SELECT name FROM
   (SELECT name FROM residents
    UNION
    SELECT name FROM pets);
```

特に指定がない場合、集合演算子は上から順番に実行されます。ただし、INTERSECT は UNION や EXCEPT よりも優先されます。

9.3 　共通テーブル式

共通テーブル式（CTE：Common Table Expression）は、一時的な結果セットです。言い換えれば、クエリーの結果を一時的に保存し、それを参照する別のクエリーを書けるようにします。

WITH キーワードを見かけたら、それは CTE の目印です。CTE には 2 つの種類があります。

---

[6] 訳注：Oracle でも、Oracle Database 21c からサポートされるようになりました。

非再帰 CTE（nonrecursive CTE）

別のクエリーから参照するためのクエリー（「9.3.1　CTE とサブクエリー」を参照）

再帰 CTE（recursive CTE）

自分自身を参照するクエリー（「9.3.2　再帰 CTE」を参照）

 非再帰 CTE は、再帰 CTE よりもはるかに多く使われます。誰かが CTE について話している場合は、たいてい非再帰 CTE を指しています。

非再帰 CTE の例を示します。

```
-- my_cteの結果に対してクエリーを行う
WITH my_cte AS (
   SELECT name, AVG(grade) AS avg_grade
   FROM my_table
   GROUP BY name)

SELECT *
FROM my_cte
WHERE avg_grade < 70;
```

再帰 CTE の例を示します。

```
-- 1から10までの数値を生成する
WITH RECURSIVE my_cte(n) AS
(
   SELECT 1 -- OracleではFROM dualを含める
   UNION ALL
   SELECT n + 1 FROM my_cte WHERE n < 10
)

SELECT * FROM my_cte;
```

MySQL と PostgreSQL では、RECURSIVE キーワードが必要です。Oracle と SQL Server では、RECURSIVE キーワードを削除する必要があります。SQLite は、どちらの構文でも動作します。

Oracle では、CONNECT BY 構文を使って再帰クエリーを行う古いコードを見かけることがあるかもしれませんが、今日では CTE のほうが一般的です。

9.3.1　CTE とサブクエリー

CTE でもサブクエリーでも、クエリーを書いた後で、そのクエリーを参照する別のクエリーを書くことができます。ここでは、この 2 つの違いについて説明します。

たとえば、平均給与（average salary）が最も高い部署（department）を知りたいとしましょう。これは、次の 2 つのステップで実現できます。まず、それぞれの部署の平均給与を返すクエリーを書きます。次に CTE またはサブクエリーを使って、最初のクエリーに基づいて、平均給与が最も高い部署を返すクエリーを書きます。

ステップ 1：それぞれの部署の平均給与を求めるクエリーを記述する

```
SELECT dept, AVG(salary) AS avg_salary
FROM employees
GROUP BY dept;

+-------+------------+
| dept  | avg_salary |
+-------+------------+
| mktg  |      78000 |
| sales |      61000 |
| tech  |      83000 |
+-------+------------+
```

ステップ 2：前のクエリーを使って、平均給与が最も高い部署を求める CTE とサブクエリーを記述する

```
-- CTEによる方法
WITH avg_dept_salary AS (
    SELECT dept, AVG(salary) AS avg_salary
    FROM employees
    GROUP BY dept)

SELECT *
FROM avg_dept_salary
ORDER BY avg_salary DESC
LIMIT 1;

-- サブクエリーによる同等の方法
SELECT *
FROM

(SELECT dept, AVG(salary) AS avg_salary
FROM employees
GROUP BY dept) avg_dept_salary
```

```
ORDER BY avg_salary DESC
LIMIT 1;

+------+-----------+
| dept | avg_salary |
+------+-----------+
| tech |      83000 |
+------+-----------+
```

LIMIT 句の構文は、ソフトウェアによって異なります（「4.7　LIMIT 句」を参照）。SQL Server では、LIMIT 1 の部分を削除し、SELECT * を SELECT TOP 1 * に置き換えます。

Oracle では、LIMIT 1 の代わりに WHERE ROWNUM = 1 を使いますが、ORDER BY と一緒に使うと意図どおりの結果にはならないので、WITH 句やサブクエリーの中で事前にソートしておきます。

```
-- CTEによる方法（Oracleでの方法）
WITH avg_dept_salary AS (
    SELECT dept, AVG(salary) AS avg_salary
    FROM employees
    GROUP BY dept
    ORDER BY avg_salary DESC)

SELECT *
FROM avg_dept_salary
WHERE ROWNUM = 1;

-- サブクエリーによる同等の方法（Oracleでの方法）
SELECT *
FROM

(SELECT dept, AVG(salary) AS avg_salary
FROM employees
GROUP BY dept
ORDER BY avg_salary DESC) avg_dept_salary

WHERE ROWNUM = 1;
```

サブクエリーに対する CTE のメリット

サブクエリーの代わりに CTE を使うことには、いくつかのメリットがあり

ます。

複数回の参照

いったん CTE を定義したら、後続の SELECT クエリーの中で、それを何度でも名前で参照することができます。

```
WITH my_cte AS (...)

SELECT * FROM my_cte WHERE id > 10
UNION
SELECT * FROM my_cte WHERE score > 90;
```

もしサブクエリーを使うと、サブクエリー全体を何度も書き出す必要があるでしょう。

複数のテーブル

複数のテーブルを扱う場合は、CTE の構文のほうが読みやすくなります。なぜなら、最初にすべての CTE を書いておくことができるからです。

```
WITH my_cte1 AS (...),
     my_cte2 AS (...)

SELECT *
FROM my_cte1 m1
     INNER JOIN my_cte2 m2
     ON m1.id = m2.id;
```

もしサブクエリーを使うと、クエリー全体の至るところにサブクエリーが散在することになるでしょう。

CTE は、古い SQL ソフトウェアではサポートされていません。サブクエリーが現在でもよく使われているのは、そのためです。

9.3.2 再帰 CTE

このセクションでは、再帰 CTE が役に立つ実践的な例を 2 つ紹介します。

9.3.2.1　一連のデータ内で欠けている行を埋める

次のテーブルは、日付（sp_date）と価格（price）を含んでいます。sp_date 列に、2 日と 5 日のデータが欠けていることに注目してください。

```
SELECT * FROM stock_prices;

+------------+--------+
| sp_date    | price  |
+------------+--------+
| 2021-03-01 | 668.27 |
| 2021-03-03 | 678.83 |
| 2021-03-04 | 635.40 |
| 2021-03-06 | 591.01 |
+------------+--------+
```

この欠けている日付を、次の 2 段階のプロセスを使って埋めてみましょう。

1. 再帰 CTE を使って、一連の日付を生成する
2. 一連の日付と元のテーブルを結合する

次のコードは、MySQL で実行できます。それぞれの RDBMS での構文については、**表9-4** に示します。

ステップ 1：再帰 CTE を使って、**my_dates** という一連の日付を生成する

my_dates テーブルは、2021-03-01 という日付で始まり、2021-03-06 になるまで、次の日付を繰り返し追加していきます。

```
-- MySQLでの構文
WITH RECURSIVE my_dates(dt) AS (
    SELECT '2021-03-01'
    UNION ALL
    SELECT dt + INTERVAL 1 DAY
    FROM my_dates
    WHERE dt < '2021-03-06')

SELECT * FROM my_dates;

+------------+
| dt         |
+------------+
| 2021-03-01 |
```

```
| 2021-03-02 |
| 2021-03-03 |
| 2021-03-04 |
| 2021-03-05 |
| 2021-03-06 |
+------------+
```

ステップ 2：再帰 CTE と元のテーブルを左外部結合する

```sql
-- MySQLでの構文
WITH RECURSIVE my_dates(dt) AS (
    SELECT '2021-03-01'
    UNION ALL
    SELECT dt + INTERVAL 1 DAY
    FROM my_dates
    WHERE dt < '2021-03-06')

SELECT d.dt, s.price
FROM my_dates d
    LEFT JOIN stock_prices s
    ON d.dt = s.sp_date;
```

```
+------------+--------+
| dt         | price  |
+------------+--------+
| 2021-03-01 | 668.27 |
| 2021-03-02 |   NULL |
| 2021-03-03 | 678.83 |
| 2021-03-04 | 635.40 |
| 2021-03-05 |   NULL |
| 2021-03-06 | 591.01 |
+------------+--------+
```

ステップ 3（オプション）：NULL 値を前日の価格で埋める

SELECT 句（SELECT d.dt, s.price）を、次のものに置き換えます。

```sql
SELECT d.dt, COALESCE(s.price,
       LAG(s.price) OVER
       (ORDER BY d.dt)) AS price
...
```

```
+------------+--------+
| dt         | price  |
+------------+--------+
| 2021-03-01 | 668.27 |
| 2021-03-02 | 668.27 |
| 2021-03-03 | 678.83 |
```

```
| 2021-03-04 | 635.40 |
| 2021-03-05 | 635.40 |
| 2021-03-06 | 591.01 |
+------------+--------+
```

これらの構文は RDBMS によって違いがあります。次に示すのは、日付の列を生成するための一般的な構文です。[ ] で囲んだ網掛けの部分が RDBMS によって異なります。**表9-4** に、各 RDBMS に固有のコードを示します。

```
[WITH] my_dates(dt) AS (
    SELECT [DATE]
    UNION ALL
    SELECT [DATE PLUS ONE]
    FROM my_dates
    WHERE dt < [LAST DATE])

SELECT * FROM my_dates;
```

表9-4　それぞれの RDBMS で日付の列を生成する

RDBMS	WITH	DATE	DATE PLUS ONE	LAST DATE
MySQL	WITH RECURSIVE	'2021-03-01'	dt + INTERVAL 1 DAY	'2021-03-06'
Oracle	WITH	DATE '2021-03-01' FROM dual	dt + INTERVAL '1' DAY	DATE '2021-03-06'
PostgreSQL	WITH RECURSIVE	CAST('2021-03-01' AS DATE)	CAST(dt + INTERVAL '1 day' AS DATE)	'2021-03-06'
SQL Server	WITH	CAST('2021-03-01' AS DATE)	DATEADD(DAY, 1, CAST(dt AS DATE))	'2021-03-06'
SQLite	WITH RECURSIVE	DATE('2021-03-01')	DATE(dt, '1 day')	'2021-03-06'

9.3.2.2　子の行のすべての親を返す

次のテーブルは、家族の各人の役割（role）を含んでいます。最も右側の列は、その人の親の id を表します。

```
SELECT * FROM family_tree;
```

```
+------+---------+-----------+-----------+
| id   | name    | role      | parent_id |
+------+---------+-----------+-----------+
|    1 | Lao Ye  | Grandpa   |      NULL |
|    2 | Lao Lao | Grandma   |      NULL |
|    3 | Ollie   | Dad       |      NULL |
|    4 | Alice   | Mom       |         1 |
|    4 | Alice   | Mom       |         2 |
|    5 | Henry   | Son       |         3 |
|    5 | Henry   | Son       |         4 |
|    6 | Lily    | Daughter  |         3 |
|    6 | Lily    | Daughter  |         4 |
+------+---------+-----------+-----------+
```

 次のコードは、MySQL で実行できます。それぞれの RDBMS での構文については、**表9-5** に示します。

再帰 CTE を使って、各人の親と祖父母を列挙することができます。

```
-- MySQLの構文
WITH RECURSIVE my_cte (id, name, lineage) AS (
    SELECT id, name, name AS lineage
    FROM family_tree
    WHERE parent_id IS NULL
    UNION ALL
    SELECT ft.id, ft.name,
           CONCAT(mc.lineage, ' > ', ft.name)
    FROM family_tree ft
        INNER JOIN my_cte mc
        ON ft.parent_id = mc.id)

SELECT * FROM my_cte ORDER BY id;
```

```
+------+---------+------------------------+
| id   | name    | lineage                |
+------+---------+------------------------+
|    1 | Lao Ye  | Lao Ye                 |
|    2 | Lao Lao | Lao Lao                |
|    3 | Ollie   | Ollie                  |
|    4 | Alice   | Lao Ye > Alice         |
|    4 | Alice   | Lao Lao > Alice        |
|    5 | Henry   | Ollie > Henry          |
|    5 | Henry   | Lao Ye > Alice > Henry |
|    5 | Henry   | Lao Lao > Alice > Henry |
|    6 | Lily    | Ollie > Lily           |
|    6 | Lily    | Lao Ye > Alice > Lily  |
```

```
|    6 | Lily    | Lao Lao > Alice > Lily  |
+------+---------+-------------------------+
```

このコード（**階層クエリー**とも呼ばれます）で、my_cte は、UNION で結合される 2 つの文を含んでいます。

- 1 つ目の SELECT 文は出発点です。parent_id が NULL である行が、ツリーのルートとして扱われます。
- 2 つ目の SELECT 文は、親の行と子の行の間の再帰的なリンクを定義します。それぞれのツリーのルートの子たちが返され、lineage 列に追加されます。この処理は、血統（lineage）が完全に書き出されるまで行われます。

これらの構文は RDBMS によって違いがあります。次に示すのは、すべての親を列挙するための一般的な構文です。[ ] で囲んだ網掛けの部分が RDBMS によって異なります。**表9-5** に、各 RDBMS に固有のコードを示します。

```
[WITH] my_cte (id, name, lineage) AS (
    SELECT id, name, [NAME] AS lineage
    FROM family_tree
    WHERE parent_id IS NULL
    UNION ALL
    SELECT ft.id, ft.name, [LINEAGE]
    FROM family_tree ft
        INNER JOIN my_cte mc
        ON ft.parent_id = mc.id)

SELECT * FROM my_cte ORDER BY id;
```

表9-5　それぞれの RDBMS ですべての親を列挙する

RDBMS	WITH	NAME	LINEAGE
MySQL	WITH RECURSIVE	name	CONCAT(mc.lineage, ' > ', ft.name)
Oracle	WITH	name	mc.lineage || ' > ' || ft.name
PostgreSQL	WITH RECURSIVE	CAST(name AS VARCHAR(30))	CAST(CONCAT(mc.lineage, ' > ', ft.name) AS VARCHAR(30))
SQL Server	WITH	CAST(name AS VARCHAR(30))	CAST(CONCAT(mc.lineage, ' > ', ft.name) AS VARCHAR(30))
SQLite	WITH RECURSIVE	name	mc.lineage || ' > ' || ft.name

10章
こんなときは...

この章は、次のように複数の概念が組み合わさった、SQL でのよくある質問についてのクイックリファレンスとなることを目的としています。

- 重複する値を含んでいる行を探す
- 別の列の最大値を持つ行を選択する
- 複数のフィールドから1つのフィールドにテキストを連結する
- 特定の列名を含んでいるすべてのテーブルを探す
- 別のテーブルと ID が一致するテーブルを更新する

10.1　重複する値を含んでいる行を探す

次のテーブルは、7 つのお茶（tea）とそれらを入れる温度（temperature）を示しています。tea/temperature の値が重複している 2 つのセットが存在することに注目してください。これらを網掛けで示します。

```
SELECT * FROM teas;

+----+--------+-------------+
| id | tea    | temperature |
+----+--------+-------------+
|  1 | green  |         170 |
|  2 | black  |         200 |
|  3 | black  |         200 |
|  4 | herbal |         212 |
|  5 | herbal |         212 |
|  6 | herbal |         210 |
|  7 | oolong |         185 |
+----+--------+-------------+
```

ここでは、2 つの異なるシナリオについて解説します。

- tea/temperature の一意の組み合わせをすべて返す
- 重複する tea/temperature の値を持つ行だけを返す

10.1.1　すべての一意の組み合わせを返す

重複する値を除外し、テーブル内の一意の行だけを返すには、DISTINCT キーワードを使います。

```
SELECT DISTINCT tea, temperature
FROM teas;

+--------+-------------+
| tea    | temperature |
+--------+-------------+
| green  |         170 |
| black  |         200 |
| herbal |         212 |
| herbal |         210 |
| oolong |         185 |
+--------+-------------+
```

拡張のためのヒント

テーブル内の一意の行の数を返すには、COUNT と DISTINCT を一緒に使います。詳しくは、「4.1.8.1　COUNT と DISTINCT」を参照してください。

10.1.2　重複する値を持つ行だけを返す

次のクエリーは、テーブル内で重複する値を持つ行を識別します。

```
WITH dup_rows AS (
    SELECT tea, temperature,
           COUNT(*) AS num_rows
    FROM teas
    GROUP BY tea, temperature
    HAVING COUNT(*) > 1)

SELECT t.id, d.tea, d.temperature
FROM teas t INNER JOIN dup_rows d
    ON t.tea = d.tea
    AND t.temperature = d.temperature;
```

```
+----+--------+-------------+
| id | tea    | temperature |
+----+--------+-------------+
|  2 | black  |         200 |
|  3 | black  |         200 |
|  4 | herbal |         212 |
|  5 | herbal |         212 |
+----+--------+-------------+
```

説明

処理の大半は、dup_rows クエリーで行われています。tea/temperature のすべての組み合わせの数を数え、HAVING 句を使って、2回以上現れる組み合わせだけを残します。dup_rows の結果は次のようになります。

```
+--------+-------------+----------+
| tea    | temperature | num_rows |
+--------+-------------+----------+
| black  |         200 |        2 |
| herbal |         212 |        2 |
+--------+-------------+----------+
```

後半のクエリーでの JOIN の目的は、最終結果の中に id 列を戻すことです。

クエリー内のキーワード

- **WITH dup_rows** は、共通テーブル式の開始を表します。これにより、1つのクエリー内で複数の SELECT 文を容易に扱えるようになります。
- **HAVING COUNT(*) > 1** の部分では、HAVING 句を使っています。これにより、COUNT() などの集計関数を使ったフィルタリングが可能になります。
- **teas t INNER JOIN dup_rows d** の部分では、INNER JOIN を使っています。これにより、teas テーブルと dup_rows クエリーを1つにまとめることができます。

拡張のためのヒント

テーブルから特定の重複行を削除するには、DELETE 文を使います。詳しくは、「5章　作成、更新、削除」を参照してください。

10.2 別の列の最大値を持つ行を選択する

次のテーブルは、従業員と彼らの販売数を示しています。それぞれの従業員の一番新しい販売数（網掛けで示したもの）を返したいとしましょう。

```
SELECT * FROM sales;

+------+----------+------------+-------+
| id   | employee | s_date     | sales |
+------+----------+------------+-------+
|    1 | Emma     | 2021-08-01 |     6 |
|    2 | Emma     | 2021-08-02 |    17 |
|    3 | Jack     | 2021-08-02 |    14 |
|    4 | Emma     | 2021-08-04 |    20 |
|    5 | Jack     | 2021-08-05 |     5 |
|    6 | Emma     | 2021-08-07 |     1 |
+------+----------+------------+-------+
```

解決策

次のクエリーは、各従業員がそれぞれの一番新しい日付（すなわち、各従業員の最も大きな日付値）に記録した販売数を返します。

```
SELECT s.id, r.employee, r.recent_date, s.sales
FROM (SELECT employee, MAX(s_date) AS recent_date
      FROM sales
      GROUP BY employee) r
INNER JOIN sales s
          ON r.employee = s.employee
          AND r.recent_date = s.s_date;

+------+----------+-------------+-------+
| id   | employee | recent_date | sales |
+------+----------+-------------+-------+
|    5 | Jack     | 2021-08-05  |     5 |
|    6 | Emma     | 2021-08-07  |     1 |
+------+----------+-------------+-------+
```

説明

この問題の解決の鍵となるのは、問題を2つのパーツに分解することです。最初の目標は、各従業員の一番新しい販売日を識別することです。r というサブクエリーの結果は、次のようになります。

```
+-----------+--------------+
| employee  | recent_date  |
+-----------+--------------+
| Emma      | 2021-08-07   |
| Jack      | 2021-08-05   |
+-----------+--------------+
```

　2 番目の目標は、最終結果の中に id 列と sales 列を戻すことです。そのために、クエリーの後半で JOIN を使っています。

クエリー内のキーワード

- **GROUP BY employee** の部分では、GROUP BY 句を使っています。これにより、テーブルが employee ごとに分割され、各従業員の **MAX(s_date)** が求められます。
- **r INNER JOIN sales s** の部分では、INNER JOIN を使っています。これにより、r というサブクエリーと sales テーブルを 1 つにまとめることができます。

拡張のためのヒント

　GROUP BY の代わりの解決策として考えられるのは、ウィンドウ関数（OVER .. PARTITION BY ..）と FIRST_VALUE 関数を組み合わせて使うことです。これにより、同じ結果が返されます。詳しくは、「8.3　ウィンドウ関数」を参照してください。

10.3　複数のフィールドから 1 つのフィールドにテキストを連結する

　ここでは、2 つの異なるシナリオについて解説します。

- 1 つの行の複数のフィールドからテキストを連結し、1 つの値にする
- 複数の行のフィールドからテキストを連結し、1 つの値にする

10.3.1　1 つの行の複数のフィールドからテキストを連結する

　次のテーブルには 2 つの列があり、それらを 1 つの列に連結したいとします。

```
+----+---------+        +-----------+
| id | name    |        | id_name   |
+----+---------+        +-----------+
|  1 | Boots   |  --->  | 1_Boots   |
|  2 | Pumpkin |        | 2_Pumpkin |
|  3 | Tiger   |        | 3_Tiger   |
+----+---------+        +-----------+
```

複数の値を 1 つにまとめるには、CONCAT 関数または連結演算子（||）を使います。

```
-- MySQL、PostgreSQL、SQL Server
SELECT CONCAT(id, '_', name) AS id_name
FROM my_table;

-- Oracle、PostgreSQL、SQLite
SELECT id || '_' || name AS id_name
FROM my_table;
```

```
+-----------+
| id_name   |
+-----------+
| 1_Boots   |
| 2_Pumpkin |
| 3_Tiger   |
+-----------+
```

拡張のためのヒント

「7 章　演算子と関数」では、文字列の連結のほかに、文字列値を扱うための次のような方法について解説しています。

- 文字列の長さを求める
- 文字列内の単語を検索する
- 文字列からテキストを抽出する

10.3.2　複数行のフィールドからテキストを連結する

次のテーブルは、それぞれの人が消費したカロリーを示しています。それぞれの人のカロリーを 1 つの行に連結したいとしましょう。

```
+------+----------+      +------+----------+
| name | calories |      | name | calories |
+------+----------+      +------+----------+
| ally |       80 | ---> | ally | 80,75,90 |
| ally |       75 |      | jess | 100,92   |
| ally |       90 |      +------+----------+
| jess |      100 |
| jess |       92 |
+------+----------+
```

このようなリストを作成するには、GROUP_CONCAT、LISTAGG、ARRAY_AGG、STRING_AGG などの関数を使います。

```
SELECT name,
       GROUP_CONCAT(calories) AS calories_list
FROM workouts
GROUP BY name;
```

```
+------+---------------+
| name | calories_list |
+------+---------------+
| ally | 80,75,90      |
| jess | 100,92        |
+------+---------------+
```

このコードは、MySQL と SQLite で動作します。その他の RDBMS では、GROUP_CONCAT(calories) の部分を次のものに置き換えてください。

Oracle

```
LISTAGG(calories, ',')
```

PostgreSQL

```
ARRAY_AGG(calories)
```

SQL Server

```
STRING_AGG(calories, ',')
```

拡張のためのヒント

「8.2.2　複数の行を 1 つの値またはリストに集約する」では、カンマ以外の区切り文字を使う方法、値をソートする方法、一意の値を返す方法を詳しく説明しています。

10.4　特定の列名を含んでいるすべてのテーブルを探す

たとえば、多くのテーブルが含まれているデータベースがあるとします。ここ
で、city という単語が含まれている列名を持つテーブルをすべて見つけたいとしま
しょう。

解決策

ほとんどの RDBMS では、すべてのテーブル名と列名を含んでいる特別なテーブ
ルがあります。**表10-1** は、それぞれの RDBMS で、そのようなテーブルに対してク
エリーを行う方法を示しています。

それぞれのコードの最後の行は省略可能です。クエリーの結果を、特定のデータ
ベース（my_db_name）や特定のユーザー（MY_USER_NAME）に限定したい場合には、
これらを含めます。省略した場合は、すべてのテーブルが返されます。

表10-1　特定の列名を含んでいるすべてのテーブルを検索する

RDBMS	コード

MySQL	`SELECT table_name, column_name`
	`FROM information_schema.columns`
	`WHERE column_name LIKE '%city%'`
	`    AND table_schema = 'my_db_name';`

Oracle	`SELECT table_name, column_name`
	`FROM all_tab_columns`
	`WHERE column_name LIKE '%CITY%'`
	`    AND owner = 'MY_USER_NAME';`

PostgreSQL、
SQL Server
	`SELECT table_name, column_name`
	`FROM information_schema.columns`
	`WHERE column_name LIKE '%city%'`
	`    AND table_catalog = 'my_db_name';`

結果として、city という言葉を含んでいるすべての列名と、それらが含まれてい
るテーブル名が表示されます。

```
+------------+-------------+
| TABLE_NAME | COLUMN_NAME |
+------------+-------------+
| customers  | city        |
| employees  | city        |
| locations  | metro_city  |
+------------+-------------+
```

SQLite には、すべての列名を含んでいるテーブルはありません。代わりに、
.tables を使ってすべてのテーブルを表示し、その後でそれぞれのテーブル
（下の例では my_table）の列名を手作業で確認することができます。

```
.tables
pragma table_info(my_table);
```

拡張のためのヒント

「5 章　作成、更新、削除」では、データベースやテーブルと対話するための次のような方法について解説しています。

- 既存のデータベースの表示
- 既存のテーブルの表示
- テーブルの列の表示

「7 章　演算子と関数」では、LIKE のほかに、テキストを検索するための次のような方法について解説しています。

- 完全に一致するものを検索するための=演算子
- 複数の語を検索するための IN 演算子
- パターンを検索するための正規表現

10.5　別のテーブルと ID が一致するテーブルを更新する

products と deals という 2 つのテーブルがあると仮定しましょう。deals テーブル内の名前（name）を、products テーブル内で id が一致する商品名（name）を使って更新したいとします。

```
SELECT * FROM products;

+------+--------------------+
| id   | name               |
+------+--------------------+
| 101  | Mac and cheese mix |
| 102  | MIDI keyboard      |
| 103  | Mother's day card  |
+------+--------------------+
```

```
SELECT * FROM deals;

+------+--------------+
| id   | name         |
+------+--------------+
| 102  | Tech gift    | --> MIDI keyboard
| 103  | Holiday card | --> Mother's day card
+------+--------------+
```

解決策

UPDATE .. SET .. という構文を使って、テーブル内の値を変更します。**表10-2**
は、それぞれの RDBMS でこれを行うための方法を示しています。

表10-2 別のテーブルと ID が一致するテーブルを更新する

RDBMS	コード

MySQL	`UPDATE deals d,`
	`        products p`
	`SET    d.name = p.name`
	`WHERE  d.id = p.id;`

Oracle	`UPDATE deals d`
	`SET    name = (SELECT p.name`
	`                 FROM products p`
	`                 WHERE d.id = p.id);`

PostgreSQL、
SQLite
	`UPDATE deals`
	`SET    name = p.name`
	`FROM   deals d INNER JOIN products p`
	`       ON d.id = p.id`
	`WHERE  deals.id = p.id;`
	または
	`UPDATE deals`
	`SET    name = p.name`
	`FROM   products p`
	`WHERE  deals.id = p.id;`

SQL Server	`UPDATE d`
	`SET    d.name = p.name`
	`FROM   deals d INNER JOIN products p`
	`       ON d.id = p.id;`
	または
	`UPDATE deals`
	`SET    name = p.name`
	`FROM   products p`
	`WHERE  deals.id = p.id;`

これらのコードにより、products テーブル内の名前を使って deals テーブルが
更新されます。

```
SELECT * FROM deals;

+------+-------------------+
| id   | name              |
+------+-------------------+
|  102 | MIDI keyboard     |
|  103 | Mother's day card |
+------+-------------------+
```

 いったん UPDATE 文を実行したら、結果を元に戻すことはできません。ただし、
UPDATE 文を実行する前にトランザクションを開始していた場合は除きます。

拡張のためのヒント

「5 章　作成、更新、削除」では、テーブルを変更するための次のような方法につい
て解説しています。

- データの列の更新
- データの行の更新
- クエリーの結果を用いてデータの行を更新する
- テーブルに列を追加する

最後に

　本書では、SQL で最もよく使われる概念とキーワードについて説明しました
が、これらは SQL のほんの一部にすぎません。SQL を使うと、さまざまなアプ
ローチを用いて、多くの作業を行うことができます。今後も学習を継続し、理解
を深めることを勧めます。

　本書を読んで、SQL の構文が RDBMS によって大きく異なっていることが理
解できたと思います。SQL コードを書くには、多くの練習と根気、そして頻繁
に構文を調べることが必要です。本書がそのために役立つことを心から願ってい
ます。

付録 A
サンプルテーブルの定義と内容

原 隆文

　主に 4 章で使用している 4 つのテーブルについて、それらの定義と内容（データ）を示します。waterfall テーブルは列の数が多いので、本書の解説に関係する列のみを掲載してあります。

　各テーブルの CREATE TABLE 文と出力結果は MySQL でのものであり、他の RDBMS を使用する場合は、次のように変更してください。

- **Oracle**── INTEGER を NUMBER に、VARCHAR を VARCHAR2 に変更
- **PostgreSQL**──変更なし
- **SQL Server**── TIMESTAMP を DATETIME に変更
- **SQLite**── VARCHAR(n) を TEXT に、TIMESTAMP を TEXT/REAL/INTEGER のいずれかに変更

A.1　county テーブル

定義

```
CREATE TABLE county (
    id          INTEGER NOT NULL,
    name        VARCHAR(10),
    population  INTEGER,
    CONSTRAINT pk_county
        PRIMARY KEY (id)
);
```

データ

```
SELECT * FROM county;

+----+-----------+------------+
| id | name      | population |
+----+-----------+------------+
|  2 | Alger     |       9862 |
|  6 | Baraga    |       8746 |
|  7 | Ontonagon |       7818 |
|  9 | Dickinson |      27472 |
| 10 | Gogebic   |      17370 |
| 11 | Delta     |      38520 |
+----+-----------+------------+
```

A.2　owner テーブル

定義

```
CREATE TABLE owner (
    id      INTEGER NOT NULL,
    name    VARCHAR(15),
    phone   VARCHAR(12),
    type    VARCHAR(7),
    CONSTRAINT pk_owner
        PRIMARY KEY (id),
    CONSTRAINT chk_owner_type
        CHECK (type IN ('public','private'))
);
```

データ

```
SELECT * FROM owner;

+----+-----------------+--------------+---------+
| id | name            | phone        | type    |
+----+-----------------+--------------+---------+
|  1 | Pictured Rocks  | 906.387.2607 | public  |
|  2 | Michigan Nature | 517.655.5655 | private |
|  3 | AF LLC          | NULL         | private |
|  4 | MI DNR          | 906.228.6561 | public  |
|  5 | Horseshoe Falls | 906.387.2635 | private |
+----+-----------------+--------------+---------+
```

A.3 waterfall テーブル

定義

```
CREATE TABLE waterfall (
    id              INTEGER NOT NULL,
    name            VARCHAR(15),
    datum           VARCHAR(7),
    zone            INTEGER,
    northing        INTEGER,
    easting         INTEGER,
    lat_lon         VARCHAR(20),
    county_id       INTEGER,
    open_to_public  VARCHAR(1),
    owner_id        INTEGER,
    description     VARCHAR(80),
    confirmed_date  TIMESTAMP,
    CONSTRAINT pk_waterfall
        PRIMARY KEY (id),
    CONSTRAINT chk_open_to_public
        CHECK (open_to_public IN ('y','n')),
    CONSTRAINT fk_owner_id
        FOREIGN KEY (owner_id)
        REFERENCES owner (id),
    CONSTRAINT fk_county_id
        FOREIGN KEY (county_id)
        REFERENCES county (id)
);
```

データ

```
-- 本書で扱っている列のみを表示
SELECT id, name, county_id, open_to_public, owner_id FROM waterfall;
```

id	name	county_id	open_to_public	owner_id
1	Munising Falls	2	y	1
2	Tannery Falls	2	y	2
3	Alger Falls	2	y	3
4	Wagner Falls	2	y	4
5	Horseshoe Falls	2	y	NULL
6	Miners Falls	2	y	1
7	Little Miners	2	y	1
8	Scott Falls	2	y	NULL
9	Canyon Falls	6	y	NULL
10	Agate Falls	7	y	NULL
11	Bond Falls	7	y	NULL
12	Fumee Falls	9	y	NULL

```
| 13 | Kakabika Falls  |      10 | y              |      NULL |
| 14 | Rapid River Fls |      11 | y              |      NULL |
| 30 | Twin Falls #1   |       2 | y              |         2 |
| 31 | Twin Falls #2   |       2 | y              |         2 |
+----+-----------------+---------+----------------+-----------+
```

A.4　tour テーブル

定義

```
CREATE TABLE tour (
    name        VARCHAR(10) NOT NULL,
    stop        INTEGER NOT NULL,
    parent_stop INTEGER,
    CONSTRAINT pk_tour
        PRIMARY KEY (name, stop),
    CONSTRAINT fk_parent_stop
        FOREIGN KEY (name, parent_stop)
        REFERENCES tour (name, stop),
    CONSTRAINT fk_stop
        FOREIGN KEY (stop)
        REFERENCES waterfall (id)
);
```

データ

```
SELECT * FROM tour;
```

```
+----------+------+-------------+
| name     | stop | parent_stop |
+----------+------+-------------+
| M-28     |    3 |        NULL |
| M-28     |    8 |           1 |
| M-28     |    1 |           3 |
| M-28     |    9 |           8 |
| M-28     |   10 |           9 |
| M-28     |   11 |          10 |
| Munising |    1 |        NULL |
| Munising |    2 |           1 |
| Munising |    6 |           2 |
| Munising |    5 |           3 |
| Munising |    3 |           4 |
| Munising |    4 |           6 |
| US-2     |   14 |        NULL |
| US-2     |   13 |          11 |
| US-2     |   11 |          12 |
| US-2     |   12 |          14 |
+----------+------+-------------+
```

付録B
Oracle Database 23aiの
新機能について

原 隆文

　本書の制作中に Oracle Database 23ai が発表されました。これを書いている時点
では、まだ実行環境などが一部のものに限られていますが、大きな変更点がいくつか
ありましたので、本書に関連する部分について記しておきます。

FROM 句なしの SELECT 文

　FROM 句のない SELECT 文を実行できるようになりました。「6.4.1.1　日付」のノー
ト記事にもあるように、今までは SELECT 句だけを含むクエリーを書くことはでき
ず、FROM dual を指定する必要がありましたが、この指定が不要になりました。

ブールデータ型のサポート

　BOOLEAN 型がサポートされるようになりました。したがって、「6.5.1　ブールデー
タ」で示した内容が使用可能になります。ただし、SELECT 文の実行結果は、1 と 0
の代わりに、TRUE と FALSE になります。

```
SELECT TRUE, True, FALSE, False;

TRUE          TRUE          FALSE         FALSE
-----------   -----------   -----------   -----------
TRUE          TRUE          FALSE         FALSE
```

IF [NOT] EXISTS 構文のサポート

　CREATE TABLE 文や DROP TABLE 文で、IF EXISTS や IF NOT EXISTS 構文が

使用可能になりました。したがって、「5.2.3　まだ存在していないテーブルの作成」や「5.3.8　テーブルの削除」で示した、次のような SQL 文を利用できます。

```
CREATE TABLE IF NOT EXISTS my_simple_table (
    id NUMBER,
    country VARCHAR2(2),
    name VARCHAR2(15)
);

DROP TABLE IF EXISTS my_table;
```

GROUP BY 句や HAVING 句でのエイリアスの使用

　GROUP BY 句や HAVING 句の中で、列エイリアスを使えるようになりました。たとえば、「4.5　HAVING 句」の SELECT 文を次のように記述できます。

```
SELECT    t.name AS tour_name,
          COUNT(*) AS num_waterfalls
FROM      waterfall w INNER JOIN tour t
          ON w.id = t.stop
GROUP BY  tour_name
HAVING    num waterfalls = 6;
```

　「4.5　HAVING 句」の最後のノート記事にもあるように、これまで MySQL と SQLite では使えましたが、Oracle でも使えるようになりました。

　また、GROUP BY 句で SELECT 句の項目の位置を指定できるようになりました。ただし、デフォルトでは無効になっているので、group_by_position_enabled パラメーターを TRUE に変更する必要があります。

```
ALTER SESSION SET group_by_position_enabled = TRUE;

SELECT    t.name AS tour_name,
          COUNT(*) AS num_waterfalls
FROM      waterfall w INNER JOIN tour t
          ON w.id = t.stop
GROUP BY  1
HAVING    num_waterfalls = 6;
```

UPDATE 文の直接結合

　UPDATE 文の対象テーブルを、FROM 句を使って別のテーブルと結合することで、別のテーブルの内容に基づいて簡単に更新できるようになりました。「10.5　別のテー

ブルと ID が一致するテーブルを更新する」の**表10-2**の例について言うと、次のように記述できます。

```
UPDATE deals d
SET    d.name = p.name
FROM   products p
WHERE  d.id = p.id;
```

日付の丸めに関する CEIL と FLOOR のサポート

「7.5.6.1 Oracle での丸め」では日付の切り捨てと四捨五入について説明しましたが、新たに、CEIL 関数を使って日付を最も近い年、月、日などへ切り上げることが可能になりました。また、日付に関して TRUNC と同じ機能を持つ FLOOR 関数が使えるようになりました。

```
SELECT CEIL(DATE '2020-02-05', 'month');

20-03-01


SELECT FLOOR(DATE '2020-02-25', 'month');

20-02-01
```

複数のデータ行の一括挿入

他の RDBMS と同じ構文が使えるようになりました。したがって、「5.2.1 簡単なテーブルの作成」の**表5-6**に示した、他の RDBMS と同じ構文が利用できます。

```
INSERT INTO my_simple_table
       (id, country, name)
VALUES (2, 'US', 'Selena'),
       (3, 'CA', 'Shawn'),
       (4, 'US', 'Sutton');
```

索 引

● 著者紹介

Alice Zhao（アリス・ジャオ）

複雑な事柄を理解しやすく教えることに情熱を注いでいるデータサイエンティスト。Metis 社のシニアデータサイエンティストとして、また Best Fit Analytics の共同創業者として、SQL、Python、R の数多くの講座を担当。彼女の技術的なチュートリアルは YouTube で高く評価されており、実用的で、面白く、視覚的に魅力のあることで知られている。

「A Dash of Data」というブログで、分析学やポップカルチャーについて書いており、それらは Huffington Post、Thrillist、Working Mother などで取り上げられている。ニューヨーク市での Strata やサンフランシスコでの ODSC など、さまざまな会議で講演を行っており、そのテーマは自然言語処理からデータの可視化まで多岐にわたる。ノースウェスタン大学で分析学の理学修士と電気工学の理学士号を取得している。

● 訳者紹介

原 隆文（はら たかふみ）

1965 年 長野県に生まれる。マニュアル翻訳会社、ソフトウェア開発会社を経て独立。妻と二人で神奈川県に在住。訳書に『クイック Perl 5 リファレンス』（共訳）、『XSLT Web 開発者ガイド』『Oracle のための Java 開発技法』（いずれもピアソン・エデュケーション）、『HTML & XHTML 第 5 版』『Access Hacks』『UML 2.0 クイックリファレンス』『入門 UML 2.0』『オプティマイジング Web サイト』『あなたの知らないところでソフトウェアは何をしているのか？』『SVG エッセンシャルズ 第 2 版』『プログラミング TypeScript』『マスタリング Linux シェルスクリプト 第 2 版』『初めての TypeScript』『Efficient Linux コマンドライン』（いずれもオライリー・ジャパン）などがある。

● 査読者紹介（和書）

須釜 浩之（すがま ひろゆき）

データベースエンジニア。Oracle Database、PostgreSQL を中心に小規模からペタバイトクラスまで、20 年以上データベース設計・構築に従事。得意分野は SQL チューニング。

カバーの説明

本書の表紙の動物は、アルプスサンショウウオ（学名：Salamandra atra）です。アルプス山脈の高い峡谷（1,000m 以上）で多く見られ、寒冷な気候に対処する能力に優れています。この黒光りする生物は、陰の多い湿った場所や、石壁の割れ目やすき間を好みます。虫、クモ、カタツムリ、小さな昆虫の幼虫などを餌にしています。

他のサンショウウオと違って、完全に形成された幼体を産みます。妊娠期間は 2 年間ですが、さらに高い標高（1,400 〜 1,700m）では、3 年間にも及ぶことがあります。この種は概してアルプス山脈全体で保護されていますが、それらが好んで生息する、岩が多く乾燥しすぎていない地形は、最近では気候変動によって影響を受けています。

オライリーの書籍の表紙を飾る動物の多くは絶滅の危機にあります。それらは世界にとって重要な生物です。

SQLポケットガイド 第4版

2024年 7 月 3 日　　初版第 1 刷発行

著　　　者	Alice Zhao（アリス・ジャオ）	
訳　　　者	原 隆文（はら たかふみ）	
発　行　人	ティム・オライリー	
制　　　作	アリエッタ株式会社	
印刷・製本	三美印刷株式会社	
発　行　所	株式会社オライリー・ジャパン	
	〒160-0002　東京都新宿区四谷坂町12番22号	
	Tel　（03）3356-5227	
	Fax　（03）3356-5263	
	電子メール　japan@oreilly.co.jp	
発　売　元	株式会社オーム社	
	〒101-8460　東京都千代田区神田錦町3-1	
	Tel　（03）3233-0641（代表）	
	Fax　（03）3233-3440	

Printed in Japan（ISBN978-4-8144-0080-5）
乱丁本、落丁本はお取り替え致します。